リーダーシップ

新装版

［アメリカ海軍士官候補生読本］

NAVAL LEADERSHIP

United States Naval Institute

アメリカ海軍協会

武田文男・野中郁次郎 共訳

生産性出版

リーダーシップ

アメリカ海軍兵学校

NAVAL LEADERSHIP

Compiled by

Malcolm E. Wolfe
Commander, U.S. Navy

Frank J. Mulholland
Captain, U.S. Marine Corps

John M. Laudenslager
Commander, M.S.C., U.S. Naval Reserve

Horace J. Connery
Lieutenant, M.S.C., U.S. Navy

Bruce McCandless
Rear Admiral, U.S. Navy (Ret.)

Gregory J. Mann
Associate Professor, U.S. Naval Academy

編　者

合衆国海軍中佐
マルコーム・E・ウルフ
合衆国海兵隊大尉
フランク・J・マルホランド
合衆国海軍予備役中佐
ジョン・M・ラウデンスレイガー
合衆国海軍大尉
ホラス・J・コナリー
合衆国海軍少将（退役）
ブルース・マッキャンドレス
合衆国海軍兵学校準教授
グレゴリー・J・マン

まえがき

海軍の職務は、年々複雑になっている。科学的発明が行なわれるたびに、海軍には新たな戦闘力に見合う兵器体系や海上における新しい戦術ならびに海軍力展開の新しい戦略概念が要請されるのである。

したがって、いやしくも海軍士官たる人間は、常に思考柔軟にして、変化に即応でき、海軍力強化のための新展開に関しては想像力に富んでいなければならない。

もっとも、武器をとることを専門とする職業には、他のいかなる要素にもまして重要なものが一つある。それは人間という要素である。将来の兵器がどのようなものであれ、また、その兵器が戦争や国際外交においてどのように適用されようとも、海軍の作戦行動においてもっとも重要なのは、人間であることに変わりがない。

それゆえ、良きリーダーシップの要求は常に変わらぬ要因であり、この点に海軍士官の自国と世界の自由への大義に奉仕する偉大な機会が存する。

リーダーとして海軍士官は、指導、インスピレーションおよび行為や信念の基となる基準を求めている人々の鏡でなければならない。合衆国の国力の基盤は、国民の道義的な力、国家の品格、およびその所在のいかんを問わず国民のもつ倫理的価値である。海軍士官は、いかなる場においても、国民はもちろん、世界中の人々の目に、わが偉大なる国家の人格を代表する。

また、海軍士官は、階級章や士官任官章によって、いかなる場においてもアメリカの力、すなわち、単に軍隊の力だけでなく、より重要なことは、自由な人間の道義的な力と同一視される。

以上のことが、最新鋭の航空機や潜水艦、航空母艦や総合核兵器を開発する必要に強く迫られている現在でも、リーダーシップがもっとも重要な課題であり続けている理由である。

海軍士官は、たとえ武勲や知的貢献、物的発明等による偉業で歴史に足跡を残そうとも、みずから一個の人間として、また他の人間のリーダーとして、率先垂範する行為こそが国家に対する最大の遺産となろう。

合衆国海軍大将・海軍作戦部長
アーレイ・バーク

一九五九年一月二日

謝　辞

本書の、編集ならびに最終稿のレビューに心よく時間をさいていただいた左記の合衆国海軍士官の努力に、編者は心から感謝する。

合衆国海軍

中　佐・博　士
D・J・ベリース

少　佐
R・F・スタントン

少　佐
K・F・モース

大　尉
R・F・アベル

大　尉
J・L・スメルツアー

大　尉
R・K・ケリー・ジュニアー

目次

第Ⅱ部　実　践　編

装丁　道吉デザイン研究室

第Ⅰ部

基礎編

第1章　リーダーシップの概念

リーダーシップの定義

リーダーシップとは、「一人の人間がほかの人間の心からの服従、信頼、尊敬、忠実な協力をえるようなやり方で、人間の思考、計画、行為を指揮できかつそのような栄誉を与えうる技術《アート》、科学《サイエンス》、ないし天分」と定義されよう。[1] これをテキスト全体の定義とするので、よく脳裡に銘記されたい。この定義は、リーダーシップの実践が科学的アプローチの具体化であるという近代的概念を包含し、リーダーシップを生まれながらのリーダーの技術や天分とする狭い考え方に拘束されない。

リーダーシップは、人間関係、具体的には一人の人間と集団、リーダーとフォロワーの関係に関する問題である。それは、個人が命令や説得そのほかの手段により、多くの人間を心服させたいと思う一つの意思、きわめて強い動機づけが存在する、いや、しなければならないという前提に立っている。個人の側においては、自分の時間や物質的利益を犠牲にしても、この「人格的な力《パーソナル・パワー》」を達成しようとする積極的意思があることを意味している。また、リーダーシップは海軍士官の職務であり、熟達するには、上司、部下、同僚との日々の人間関係に対して地道にリーダーシップの原理を適用し、たえざる研究と実践を重ねていくほかにないことをも意味している。リーダーシップは、リーダーがただフォロワーに責任を課すだけの一方通行なものではなく、リーダー、フォロワー両者間の相互責任である。リーダーには当然フォロワーが存在するので、海軍士官はリーダーとして十分な成果を上げるには、まず第一に、よき「フォロアーシップ」の原理を習得しなければならない。

フォロワーシップとして習得すべき態度は、簡単には、服従、信頼、尊敬、忠実な協力の四つである。海軍のリーダーシップをともなういかなる局面においても、いずれか一つの態度でも欠けていれば、致命的な失敗を招くであろう。

見解の多様性

おそらく、リーダーシップほど、多くの異なった議論のある主題はなかろう。たしかに、リーダーシップについての書物や論文は豊富で、考え方を異にする学派もいくつか存在する。具体的には、リーダーの素質は生まれつきのもので、持ち合わせているかいないかの問題だと主張するものから、リーダーシップは一連の原則に還元でき、それを会得すれば誰もが効果的に指導することができるとするものまで多様である。

このほかにも、リーダーシップは管理の過程だという立場をとるもの、リーダーシップは主として人格陶冶《とうや》または道徳涵養《かんよう》の問題であると考えるもの、さらに、リーダーシップは伝記や戦史を通しての偉人の研究からもっともよく学ぶことができるとするものなどがある。

こうした見解はそれぞれ傾聴すべき点も少なくないが、いずれもがそれだけでは海軍におけるリーダーシップ(海軍式リーダーシップ)を獲得するベストの方法を提供していない。ある種の人間が、「生まれながらの」リーダーとなるべき恵まれた素質をほかの人間よりも豊かに備えていることは否定できない。しかし、それほど幸運な天分に恵まれない人、さらに生まれながらに大きなハンディキャップを負った人でも、勉学、訓練、仕事などに精励刻苦(せいれいこっく)した結果、偉大なリーダーシップを発揮するにいたったという事例もたしかに存在するのである。

海軍の活動、とくに非海上部門の業務は、産業界に共通の性質のものが少なくないので、管理の概念がよくあてはまるであろうが、海軍の戦闘部隊にはほとんど共通する要素がない。前者は産業的、後者は軍事的である。人格陶冶や道徳涵養は、とくに現代文明の物質的、科学的側面のみが強調される今の時代においては、何よりも重要な問題である。しかし、称賛に値するほどの人格的資質をもった人が出世しないで、世に埋もれてしまうことが多い反面、指揮官の地位に達した人のなかには、少なくとも今日では、人格の重大な欠陥としか考えられないような欠点を示した人もいた。偉人の伝記の研究は魅力的なことではあるけれども、大変時間がかかるものであり、初心者にはいくつかの落とし穴も存在する。とりわけ、陥りやすいのは、偉人の生きた時代の基準ではなく、研究者の時代の基準によって偉人を判断しかねないことである。

アプローチ

本書では、リーダーシップにアプローチするにあたって、さまざまな考え方をもつ各学派の教義をある程度取り入れていく。本書は、海軍兵学校の生徒やそのほかの青年士官のために書かれたものだが、彼らはすでに肉体的にも学問的にも厳しい選抜とふるい落としを経験している。これらの士官にも、リーダーシップの素質や能力の個人差が現に存在するし、時代の流れによってそれは必然的に小さくなるかもしれないが、おそらく常にある程度の個人差は存在するであろう。しかし、すでに保有しているリーダーシップの能力がどのようなものであっても、以下に示すことを考えれば、十分に改善されるのである。

経験のみを通してリーダーシップを学ぶことは、ときとして冗長な根気のいる過程である。他人の経験から学ぶことは良識であり、かつ有能なリーダーとなるための必須の要件である。さらに職業軍人には経験から独力で学べるだけの十分な時間はなく、また経験は繰返しにすぎず、新しいリーダーシップの価値や概念を少しも示唆しないこともあるのである。

本書では管理者の育成や人格陶冶、道徳涵養、リーダーシップの史的側面にもある程度の注意は払われようが、それよりも多くの時間が、ほとんど変わることのない人間性の研究に費やされることになろう。第I部で主として述べる、人間行動の心理学的原則を少し考えられたい。軍隊のリーダーは、どんなに偉大な人であろうとも心理学者ではなかったと思われるが、なかでも大きな成功を収めたリーダーは人間性について鋭い理解を示し、いかにすればフォロワーからいろいろなことを十分に学びとれるかを知っていた。

人間性や人間行動の研究の専門家として、心理学者が現在および将来の海軍のリーダーに提言すべきことは、いくらでもある。将来の兵器がどのようになるにしろ、それにかかわりなく、人間的要素がもっとも重要であることに変わりはない。

リーダーシップの三次元概念

リーダーシップは三つの異なる視点をもち、三次元の構成と考えられる。

第一に、リーダーシップは、軍隊、教会、政治、産業、さらに暗黒街など、さまざまな職業に応じて必要条件を異にしている。これらの社会階層のそれぞれに職業的、専門的、ないし地理的分布が認められる。軍事面では、アメリカ合衆国の陸軍、海軍、海兵隊および空軍の間には明確に相違が識別されるし、たとえば、第二次世界大戦中のドイツ、日本、アメリカ合衆国の各陸軍の間にはもっとはっきりした差異が認められよう。

第二に、こうした階級組織においては階級が上がるにつれて、リーダーシップの形態も徐々に変化していくといえる。たとえば、最高司令官に要求されるリーダーシップへのアプローチは、巡洋艦の艦長に要求されるものとは著しく異なり、さらに巡洋艦の艦長に要求されるリーダーシップへのアプローチは、部隊長に要求されるものとは違っている。

第三に、どんなに特別な地位に就いても、時代の社会的、技術的環境の変化にともなって何年にもわたるような漸進的変化が存在するということである。

対象とする読者

本書はアメリカ合衆国海軍兵学校の生徒、幹部候補生、見習士官のリーダーシップの教育のために作成されたものである。これを精読することによって、各士官がフォロワーとリーダーの二重の役割を果たしつつ、初級士官として任務を遂行する場合に、自己の指揮に対する責任についてさらに理解や認識を深めることができるものと確信する。さらに中堅士官ならびに下士官ですでに海軍のリーダーシップの役割に実際に関係をもっている人々も、海軍士官としての自己の能力がさらに向上するという点で、本書が一読の価値をもった本であることに気づかれるであろう。

任命により付与される海軍のリーダーシップ

リーダーシップの技術を効果的に適用できるようになるには、前もって海軍のリーダーシップの役割と性質とをまず理解しなければならない。

選出方式別にみると、リーダーは三つのタイプに分けられる。第一は、仲間の人間に選挙されてリーダーとなるものであり、第二はまったく利己的動機のみを念頭において努力し奮闘して、しだいにリーダーになるもので、第三は、任命によってリーダーとなるものである。海軍のリーダーシップは、第三のタイプに属し、制度的リーダーシップである。アメリカ合衆国海軍予備役A・M・ハロー中佐は、論文「海軍のリーダーシップの新視角」において、このことを次のように適切に指摘している。

いまや、われわれは第三のタイプのリーダー、すなわち任命されたリーダーについて考察しなければならない。このタイプのリーダーと、個人的な方法を用いるほかの二つのタイプのリーダーとの間には大きなギャップがあることは、直ちに理解できよう。任命されたリーダーの選考過程には、個人的な要素はまったく介在していない。彼が個人的にリーダーとしての仕事を欲したかどうか、彼のフォロワーが個人的にリーダーにその仕事をしてほしいと望んだかどうかをまったく問わない。ただ、リーダー、フォロワー双方が同じ組織の成員である以上、その関係は組織そのものに規制されうるし、また実際規制されている。

リーダーもその指導するグループも、組織について言うことが何もないという事実に、われわれがいま認識しつつある意味があるのである。なぜなら、任命されたリーダーはなによりもまず、彼を任命した海軍の要請にしたがって、自己の言動、いな自己の思考のすべてを制御するからである。彼のリーダーシップの実践は、制度的方法と呼ばれるものに常に立脚しているのである。

この制度的方法は海軍士官にとって第一義的意味をもっているため、われわれは十分に時間をとってこの方法を研究する必要がある。彼らは制度上のリーダーであることを十分に認識していないかもしれないが、実際はそうなのである。社会心理学者（および海軍史家）はこの事実を指摘し、制度とは何か、そしていかにして今日の姿になったかを語り続けてきたのである。人々が制度的な社会機構に身をおく場合、およそ制度の立脚する原則を理解することができれば、よりよいリーダーになれることは明白である。そして、海軍こそは、社会学的に観察可能な組織の最良の実例といえよう。(2)

海軍のリーダーシップの制度性

アメリカ海軍特有の原則や実践については、後の諸章で述べるが、ここでは海軍の制度的な性格や海軍のリーダーシップが行使される海軍の背景を示すことにする。「アメリカ海軍がいかにして今日の地位を築いたか」は長く複雑な物語であり、ここでは論じないことにするが、それをたどる際は、幾世紀にもわたる進化の過程を刻む海軍の歴史を研究することが最良の道であろう。

多くの人間が形成した制度は、注目すべきライフ・サイクルの影響を密接に受けている。これらの制度は、通常、革命や大きな変動の結果として生まれ、想像力と大胆で力強い自由発想とさらに多少の過激主義とを特徴としている。これらの制度から、仕事を遂行したり、任務を達成するうえで、もっとも効果的な方法と認識された過程が進化してきたのである。まさに、教義が現実化するのである。ところで、教義は指針として指向されるかぎり、何ら支障はないものの、完成されすぎてドグマ化し、有害な論理に近づいてしまうこともある。保守主義は超保守主義となり、停滞期が訪れる。軍隊の教義も、技術革新の生み出す新兵器や兵器体系についていけなくなると、まったく新しい競争者が思うままに登場し、痛打を浴びせる。時代遅れの教義にしがみついている国家は、最初に受ける攻撃で倒れるかもしれないし、あるいは生き延びて、その敗北から教訓を学びとり、再生を経て（文字通り「生まれ変わり」）生存し続けていくかもしれない。

アメリカ合衆国海軍はとりわけ、南北戦争、第一次および第二次世界大戦、さらに朝鮮戦争の時代にこうした再生を何度か経験してきている。アメリカ合衆国は、現代の挑戦や可能性に対し、たえず油断なく警戒し、また現在ある啓蒙的かつインスピレーションあるリーダーシップを持続させて、活力的であり続けなければならない。とはいえ、超保守主義と自己満足という双子の敵はアメリカ海軍を含む制度的組織には生まれながらに固有のものであり、それゆえ警戒を怠ってはならないのである。

民主的、独裁的、権威的

海軍の有効なリーダーシップは民主的か、独裁的か。この問題を分析するには、まず「民主主義」は何を意味するのかを理解する必要がある。民主主義は人それぞれに受け止め方が異なる。共産主義者も、共産主義的プロセスを説明する場合、「民主的」という言葉を使っている。機会があったら、四〇代ないし五〇代の人々に民主主義の概念について是非筆記調査をしてみるとよい。その答えは大いに異なるだろうし、何が民主主義を構成するかについての分析がまったくばらばらであるにちがいない。

ウェブスター辞典は、次のように民主主義を定義している。

⑴　直接的あるいは選挙された代表者を通しての人民による政治、あるいは統治されている人々に

よる政治。

(2) 前記の政治を行なう国家、州、団体。

(3) 多数決原理。

(4) 権利、機会および待遇の平等の原理の受容および実践。俗物主義の欠如——例、「この学校には真の庶民がいる」

(5) 庶民。

(6) アメリカ合衆国の民主党、ないしその党則。

加えて、よく知られていることであるが、アメリカ合衆国の政体は共和制で、ウェブスター辞典は次のように定義している。「最高権力が投票権の与えられたすべての市民（有権者）に委ねられ、有権者に選挙されかつ責任を負う代表者に行使される国家、州」。

ここで、一つの結論に到達できる。すなわち、アメリカ海軍がどのようなリーダーシップを行使しようとも、そのリーダーシップは多くのアメリカ市民の見解と両立しなければならず、そうでなければ持続できない、ということである。約一五〇年前のドイツの戦略家クラウゼヴィッツの言葉をかりれば、「一国の軍隊の特性はその国民に基づく」ということである。

次に、独裁《オーソリテリアン》的という言葉の定義は、ウェブスター辞典では、「個人の判断や行為の自由よりも権威への無条件服従ということを信ずること、関係があること、あるいは特徴としていること」であり、権威《オーソリティティブ》的はというと、「服従、信頼、あるいは受容を求める権利を有すること、あるいはそれに基づいて行動すること」となっている。

およそ軍事に関して、時間は「不可欠の要素」である。戦闘においては、数分、いな、数秒さえも成否および勝敗の分かれ目をなすといってよい。ミサイルや航空機の驚異的なスピードによって、一秒の千分の一でさえ決定的といえる。したがって、軍事組織は、好むと好まざるとにかかわらず、独裁的でなければならない。もし、それ以外のタイプであれば、もはや軍事組織でなくなるであろう。しかしながらこれは、組織が野蛮で抑圧的であり、構成員の福祉に冷淡で無関心であってもよいということではない。

このため、軍隊のリーダーは次のような特殊な立場におかれる。すなわち、軍隊のリーダーは、民主的原則を保持するために独裁的措置をとらねばならない一方、本来権威的なリーダーシップをなお民主的な方法で行使しなければならないのである。米海軍W・J・ルーへ中佐は、「職務離脱の対策」という論文で、この問題を提起し回答している。

海軍のリーダーシップの最善の策は、二つの相反する形態のなかで同時に機能しなければならない。下士官と士官との間の教育水準の格差がますます減少しているので、日々の任務においては公平、公正な民主的なやり方で行なうのが理にかなっている。海軍の組織構造上のリーダーは、部下に最大の業績をあげさせるために、人間関係の技量を発揮するよう要請されている。高い動機づけは、こうした民主的なやり方からえられるのである。しかしながら、同時により強い権限をもった階層から命令を受理した場合、その命令に部下が直ちに異議なしでしたがうように管理しておかなければならない。仕事をさせるためのこうした威圧的なアプローチは、すでに述べた民主的アプローチとは正反対である。この場合、権威は組織構造から生まれたもので、かならずしも理性との関係はないが、権威の階層は理解され遵守されねばならない。

リーダーシップの双方の形態は、同時に存在するものとして認識されねばならない。権威への無条件反応は軍隊において不可分なものであり、ときとして嫌悪感がわく。だが、軍隊では平時における作戦行動の間でも、民主的アプローチを常時用いることはできないが、緊急の事態になった場合に独裁的アプローチに自動的に組み込まれるのである。隊員が自然に命令にしたがうようになるまでには時間がかかるが、是非そのようにしなければならない。下士官と士官の教育水準の格差が著しかった時代と違って、現代はなおさらである。

個人の民主的な諸権利は、独裁的なアプローチによって損なわれることもあるが、これを部下に理解させせなければならない。海軍のなかで下士官にもっと権威が与えられれば、命令への無条件服従という考え方はもっと容易に行きわたるであろう。下士官に適切な権限が委任されれば、個人と集団の双方が満足し、それによって現在の軍事組織の正当性の証明も可能になるのである。(3)

したがって、海軍のリーダーシップはすぐれて独裁的でなければならないが、必要以上に厳しいものであってはいけないし、ましてや暴君のような独裁的なふるまいは許されない。また、非軍事的な色彩をもつ領域へ拡大すべきものでもない。独裁的なアプローチを受け入れやすく、かつ効果的なものにするには、リーダーが部下に近寄りやすくしたり、アイデアや提案を受け入れたり、士官のあるべき姿を率先垂範したり、あるいは部下に十分かつ役立つ情報をできるだけ伝えるなど、リーダーのなすべきことは少なくない。

リーダーシップのインスピレーション性

リーダーシップは、本質的に人間の行動に影響を与える技術《アート》であるから、頭とともに心にもアピールすることができよう。いずれか一方にだけアピールすることもできるが、両方に呼びかけるべきであろう。きわめて偉大なリーダーは、人々の心にはいりこむような情緒的アピールを行なうことができたのである。そのような人は、意識的にも無意識的にも自分の性格をうまく生かして、他人の想像力を鼓舞《インスパイア》し、大義の下に人々を集合させ、いつのまにか不可能を可能にしてしまうような指揮を行なうのである。これはなにもリーダーシップの完全な秘訣（そうしたものがあるとしても）ではなく、きわめて重要な構成要素なのである。

獅子王リチャード一世は、世界のどこで戦おうとも、自分の大義名分のもとに人々が馳せ参ずるまでに人々の心を鼓舞していた。フランスの隠者ピーター説教師は第一次十字軍において大きな功績があった。ジャンヌ・ダルクは、百年戦争で敗戦にうちひしがれていたフランス国民を祖国の危機を救うために奮起させ、連戦連勝を重ねた。ハルゼー大将は、第二次世界大戦初頭アメリカ海軍が必要としたタイプのリーダーで、低下した士気を鼓舞し、勝利の自信を注入した。マッカーサー元帥は、フィリピンを追われたが、原住民、アメリカ人、あわせて数百万のフィリピン島民を〝I shall return（私は帰ってくる）〟という呼びかけで鼓舞し、抗戦を継続させることができた。

歴史をひもとくと、このような事例に満ちあふれている。

インスピレーショナルなリーダーシップには、このほかにもよく知られているものがある。たとえば、あるフットボール・チームが現在リードされているとする。ハーフタイムに、コーチやチームのキャプテンが冷静に味方を守り立て、選手のミスを指摘し、試合に戻って勝つように励ますと、後半、そのチームが形勢を一変して勝つことがある。くだらない例だと思うだろうが、こういう例は、秋には、何回もフットボール競技場で起こるのである。土曜日ごとに下位のチームが、当然勝つと思われた相手チームを破って、専門家を戸惑わせるのである。海軍が陸軍にこうした番狂わせを行なったこともあれば、また逆もあった。

情緒的アピールは、勇敢な人、男性的な人、若くて大胆な人などには大きな効果がある。こうしたアピールは、通常、行動か言葉でなされ、効果はその場かぎりのものではなく、永く持続するものである。たとえば、われわれのカッシング[*1]のアルベマール号撃沈[*2]の遺産や、大英帝国最大の危機の際にイギリス国民を鼓舞し結束させたウィンストン・チャーチルの「血と忍苦と涙と汗」の演説[*3]などを想い起こしてみるとよい。

ところで、英雄的であるということを考えてみよう。個人の英雄的行為では、戦争や一連の軍事作戦には勝てない（とくに現代では）。むしろ重要なのは、鉄鋼生産トン数、石油の精製量、敷設銅線のマイル数などさして魅力のない統計数字であろう。しかしながら、個人の英雄的行為は、しばしば戦闘に勝利をもたらす。そして、たとえ勝てなくともほかの人間の士気を鼓舞し、その後の戦いで勝利をものにする。新記録やゴルフでいえば、コース・レコードを樹立することさえある。そこには、既存の記録に拮抗し、新記録を樹立しようとする挑戦があり、全体の効果は、その重要性において当初の行為に勝るであろう。このようなアピールこそ、インスピレーショナルといえるのである。

信号や軍艦旗、国旗などは、インスピレーショナルな価値において行為や言葉と同列のものといえる。海軍士官であれば、トラファルガー海戦前のネルソンがかかげた信号旗[*4]を想起すべきである。「艦を見捨てるな」[*5]、「自由貿易と水兵の権利」[*6]などの信号旗は、それぞれ十分なインスピレーショナルな価値をもったものであった。国旗は国籍識別とともに士気を鼓舞する目的ももっていたし、国歌や召集ラッパの合図は情緒的アピールの構成要素である。対馬でロシア艦隊と交戦すべく鎮海湾を出港するに先立ち、東郷元帥は部下の各艦長を旗艦三笠に集合させ会議を開いた。彼らは三笠を離れるとき、一名ずつ、切腹用の鞘を払った小刀をのせた小さな盆のかたわらを通って行った。その間だれも何も言わず、その必要もなかった。それからほぼ四〇年後、日本が真珠湾を攻撃した際、南雲中将の旗艦は、対馬で三笠が使用したのと同じ「Z」旗を艦橋に掲げたのであった。

訳者注
＊1　南北戦争における北軍の中尉で英雄として知られる。
＊2　南軍の装甲艦。一八六四年一〇月二七日にカッシングによって撃沈された。
＊3　一九四〇年、大英帝国議会での首相就任演説。
＊4　「英国は各員がその義務を全うすることを期待する」
＊5　一八一三年、米英戦争中アメリカ海軍フリゲート艦「チェサピーク」ジェームズ・ローレンス艦長の言葉。
＊6　一八一二年の米英戦争時のアメリカ側のスローガン。

アメリカ国民が頭でなく心にアピールされて奮起し、よい方向、あるいは方向に指導されることは注目に値する。第一次世界大戦において、アメリカ人は、ヨーロッパの地図が塗り変えられたり、統計数字が変化したりということ以上に、ドイツ人の残虐行為によって挑発されたのである。爆撃を受けた上海駅内の中国人の赤ん坊の写真が、日本の領土拡大にもまして、アメリカ人の反日感情を具体的なものにしたのである。また、真珠湾攻撃は、アメリカ国内のさまざまな相反する意見をもった分子を一丸とし、戦争遂行へ向かわしめたのである。

インスピレーショナルなリーダーシップについては、この程度にとどめることにする。人を鼓舞するのが巧みな人もそうでない人もいる。この領域に、「リーダーシップの能力が生まれつきあるか、ないかのどちらかである」と主張する人々のもっとも説得力のある点があるようである。しかし、インスピレーションによって指導しようとすれば、通常大きな成功を収めるが、さもなければ完全な失敗に終わるであろう。

リーダーシップの公式

要するに、リーダーシップに公式は存在するのだろうか。人間性の研究家、歴史家、伝記作家、時事解説者、大学の講師そして著述家として高名なダグラス・S・フリーマン博士は、次のようなリーダーシップの公式を提唱している。

自己の技量を知れ。
男らしくあれ。
部下の面倒をみよ。

この公式をリーダーが実際に応用しようとすれば、応用科学者がアインシュタインの公式、エネルギー＝MC^2（Mは質量、Cは光速度）に直面するのと同様の困難に見舞われるであろう。これらの公式は双方とも単純に見えるが、フリーマンの公式を表面的に適用しても、石炭の燃焼でエネルギーが放出されるのと同程度のリーダーシップの成果が生み出されよう。しかし、この法則をさらにダイナミックかつ知的に応用すれば、リーダーにとって応用科学者による原子力利用に匹敵するほどの成果が生まれるだろう。双方の法則は、最大の成果をあげるには、知的な理解と応用を必要としているのである。

前述の法則を、アメリカ合衆国陸軍Ｃ・Ａ・バッハ少佐が第一次世界大戦の末期に展開した次の法則と比較してみよう。

自己の職務《ビジネス》を知れ。

自分自身を知れ。

自己の部下を知れ。

双方とも、自分自身、自己の部下、そして自己の日常の職務に言及している。本書は、初級士官が海軍士官としての役割にこれらの法則を実際に実践できる方法を示すことを意図しているのである。

〈注〉

(1) “Naval Leadership”, 1939, Naval Institute, p. 1および “Leadership in the NewAge”, Frederick Ellsworth Wolf, A, M., 1946, p. 3. から引用。

(2) “Selected Readings in Leadership”, 1957, U, S, Naval Institute, p. 29.

(3) “Selected Readings in Leadership”, 1957, U, S, Naval Institute, p. 96.

第2章　心理学研究の歴史的背景

概論

心理学は、人間行動の研究であり、有機体としての人間の行動および経験を環境との関連において研究する科学である。心理学は人間関係を扱う専門家だけに実践を委ねられた神秘的で縁遠い過程ではなく、その原理は人とどうやっていくかに関するものである。リーダーが部下に対して、どう自己を統制して行動するかは、リーダーが海軍士官として成功するかどうかの主たる決め手となるものであろう。しかし、人間の行動は複雑であるため、その単一の探求方法はないほどである。したがって、本書の第Ⅰ部で示す個々の内容だけでは、人間の行動ならびに人間間の相互作用についての洞察を海軍士官に完全に与えることはできないだろう。とはいえ、効果的に部下を統制し、影響を与えるには、リーダーはまず自分自身を知るとともに、人間の動機や個人差、単独または集団で機能する際の個人の反応について理解しなければならない。第Ⅰ部では、心理学の原則を簡単に考察し、リーダーシップの基礎研究に重要と考えられる知識を読者に与えることを企図する。個人差はどのように、またなぜ生ずるのかについても討議されようが、これは将来のリーダーに自分自身および関係をもつ人々を理解するための素地を与えるためである。

続く各章では、学習の方法に関する問題はもちろん、モチベーションがどのように人間の行動に影

心理学の研究課題＊

動員可能人員と人的資源	調達と募兵	教化と訓練	配置と任務
国民性、少数民族等	個人の態度に及ぼす集団の影響	部隊の忠誠および不忠の伝統	部隊（海兵隊、落下傘部隊等）の態度
知能および特殊技能の分布	軍務の要求水準と手順	個人の適性と能力水準の識別	専門能力および適性による配置
緊急必要技能の民間での分布	特殊技能の要求	教材、学習理論	職務分析
予備役訓練、住民の学問教育の水準	高級専門技術者（医師、歯科医師）の調達と教育	カリキュラム構成、教官養成体系	一般教育体系（I&E）
総動員を促すもの	入隊の勧誘、ボーナス・プラン	基礎訓練「なぜ戦うか」	部隊表彰、部隊の誇り
流動人口の割合、最低能力人員の活用	精神病の基準および選別計画	精神衛生の条件づくりとカウンセリング	危険任務への志願者、典型的人物
平時生産水準	試験手順	訓練計画の妥当性	学力検査、能率評定
市民社会秩序の再編、リーダーの出現	部隊一体化の維持	正式の教育と基礎訓練の同化	第一線部隊の構成
広報宣伝	募集広告	言語問題、語彙、出版物の読み易さ	コミュニケーション技術の部隊、部局による相違
食事、息ぬき等の戦時における制限	特殊な適応要員（エスキモー等）の調達	戦場勤務への条件づくり	高度、水中、爆破現場等の特殊環境への順応
民間経済の戦時への転換	募兵試験手続きの運用	基本必要人員、機材、設備	特殊訓練設備および機材の必要条件

＊“Career-wise Master Plan”, Oct., 1950, Working Group on Human Behaviorより作成

軍隊における

分　　野	戦闘態度と技能	キャリア開発	損耗の問題
集団態度	特定国家との戦争に対する態度	職業としての軍務	退役軍人に対する市民の態度
心理学からみた能力、適性および基準	戦闘任務に必要な最低基準	全階級にわたる人員に要求される基準	年齢、疾病等による適性喪失
特定技能の識別と取得	個人の任務の専門化、捕虜生き残り	幹部職務の専門化	人員供給系統のロス
教　　育	戦略立案、問題提起	配置転換計画	環境と経験の制約
動機づけ	戦闘への動機づけ	要求水準、階級および特権、昇進	文官との競争、行政上の不満
情緒的反応	戦闘の恐怖と疲労、戦争ノイローゼ	軍隊の拘束による欲求不満、任務変更	精神的不能
熟練度測定	任務と課題の達成	適性報告、選抜委員会	等級変更、選考による排除
集団構造	集団組織、戦闘リーダーシップ	階級範囲、経歴階層	管理組織の破壊、惰性、リーダーシップの欠如
コミュニケーション	心理戦	リーダーシップの行使	不十分なコミュニケーションによる有効性の喪失
環境適応と心理的適応	船酔い、飛行機酔い、肉体的辛苦、不快	気候や物理的環境の変化への適応	熱帯、北極等の環境要因からのアウトプットの損耗
人間工学	システム工学に基づく兵器の互換性		

響を及ぼすか、および葛藤や欲求不満をはらんだ問題に直面した場合、人間がどのように反応するかの研究を行なう（この部分の諸章は翻訳では省略）。人間の行為の多くはほかの人々との関係においてなされるので、いかに人間が相互に反応し合うかを研究することも必要である。このことは、集団活動はいかに理解できるか、個人とその属する集団の関係はどうか、といった集団の考察によってなされる。

心理学の歴史的背景

心理学は、ほかの学問と同様に、伝統と科学上の発展史をもっている。実験科学としては、一八七五年頃にさかのぼるにすぎないが、歴史上は、心理学は人間と環境との関係に関してのもっとも初期の思索に端を発している。

紀元前六百年頃からおよそ一千年の間、ギリシャの知識人は、人間の宇宙に対する関係をはじめとして、宇宙の秩序を観察し推理し議論した。現代の心についてのアイデアのなかには、古代ギリシャから発したものもある。「心理学（psychology）」という言葉は、ギリシャ語の「サイキ（psyche）（霊魂）」および「ロゴス（logos）（論理）」から造られたもので、やがてそれは、「心の研究」を意味し、「精神哲学」の主題を形成するようになった。

ギリシャの理論家の巨人アリストテレス（紀元前三八四〜三二二）は、心が肉体そのものの機能であり、経験と行動を理解するには、それらを生む肉体の機能を研究する必要があると提唱した。心を肉体作用の一機能とみるこうした概念化は、心理学の科学化への重要な一歩であった。このようなアプローチは最終的には、経験の性質を決定し、行動をコントロールするうえで鍵となる役割を演じるのは、心臓ではなく頭脳であるという発見をもたらした。やがて、関心は心についての純粋思索から有機体の研究へと向けられていった。ギリシャ人の業績は、それ自体の卓越性だけでなく、キリスト生誕後一五世紀にいたるまで大きな中断もなく支配した、行動の哲学と理論を代表したという点で重要である。今日でも、行動の説明をアリストテレスやプラトンなどの初期の理論的体系に基づいて試みる心理学者は少なくない。

　フランスの数学者・哲学者であったデカルト（一五九六～一六五〇）は、心理学に新鮮な洞察を数多くもたらした。デカルトは、きわめて大きなインパクトを与えた二つの考えを提示した。⑴肉体の機能の仕方の機械論的説明。⑵精神と肉体問題の二元論的解釈、すなわち心と肉体は別個の実体であるが、肉体の一点において相互作用する。デカルトによれば、人間は肉体のメカニズムと相互作用しうる魂をもっており、この相互作用は脳の基部（松果腺）で行なわれるものと推定された。

　デカルト以後二百年以上の間、精神哲学以外の心理学はほとんどなかった。哲学者の思索は一つの方向にまとまらなかったが、科学的な観察方法を欠いた思索は合意のベースを提供しなかったので、当然の結果であったろう[1]。同時代に自然科学者の方は、行動や経験に関する生理学的、肉体的側面の信頼すべき情報の収集にかかっていた。この進歩は、思索のなかにますます実験的調査が取り入れられるようになったことに貢献したといえよう。同様の実験調査が心理学でも行なわれるようになり、専門科学としての歩みを始めるようになった。

　独立の学問としての心理学の正式の発足は、一般的には、ウイルヘルム・ヴントが一八七九年ライプチヒ大学に心理学研究所を開設した年と考えられている。この新しい動きはすでに生理学や物理学などの自然科学で実りの多かった方法を用いることによって、心理学を迷路から脱出させようとする試みであった。[2] 個々の観察者は、実験者が光や音やその他の外的条件をさまざまに変化させる間に、自分自身の経験に注意を払い、記述するように訓練された。ヴントの「意識の科学」の主たる貢献は、感覚や心象、感情等の要素の点から意識的経験を詳細に記述したことである。こうして意識は、物質が原子に分解されるように、心理的要素に解剖されたのである。

ヴント研究室で産声をあげてから今日に発展するまで、心理学はいくつかの段階を経験した。研究範囲の拡大化への第一歩は、一部の心理学者が行なった意識の内容や構造と対峙した機能の研究であった。「機能」心理学が発展していく大きなきっかけは、おそらくダーウィンの進化論であったろう。有機体の生存における意識の効果を科学的に研究することは、十分価値のあることとダーウィンは考えた。自己分析をしてみると、運動技能を学習しようとする場合、最初は自分の行動をはっきりと意識しているが、習慣が完全になるにつれて、意識は遠ざかっていく。そして習慣が確立されてしまうと、意識せずに自動的に手足が動いていく。したがって意識は、人間の学習を助けることで有機体としての人間の生存に貢献するように思われたのである。意識の研究へのこうしたアプローチ（機能主義）は、今世紀に入る頃、とくにシカゴ大学で強調された。

ダーウィンの進化論の影響を直接受けて、フランシス・ガトン卿（一八六九年）は、個人差の分野の研究を創始して、ケース・ヒストリー、遺伝学的アプローチ、双生児研究等の新たな方法を開発した。また彼は、特定の考察対象となる特性を一つの測度にまとめ、検証《テスト》という考え方を開発する一方、資料分析の統計的手法としての相関分析の使用を始めた。英国のピアソン（一八五七〜一九三六）およびスピアマン（一八六三〜一九四五）は、心理学における統計的手法開発の先駆者であった。

一五〇〇年ほど前までは、逸脱行動（精神異常）を示す人間は、一般に邪悪で悪魔にとりつかれたものと考えられ、窃盗犯や売春婦、殺人犯といっしょに刑務所に投獄されるか、または「精神」病院に収容された。こうした状況下に現われたのがフランスの医師ピネルである。彼は行動異常を研究し、その治療を行なう医学の一部門である精神医学の父とされているが、精神異常者は邪悪で超自然的な力に支配されているのではなく、精神の病気であるから人道的な治療を受けるべきであると考えた。ピネルに続いて、精神異常の起源を研究するために、行動異常の観察と分類に注意を向ける学者もいた。(3)

ウィーンの医師、フロイト（一八五六〜一九三九）は、今日精神分析として知られる基礎概念を開発した。彼と同僚のブルワーは催眠術を使って、ノイローゼを分析し治療していた。この仕事からフロイトは、人は催眠術にかかっていると、正気のときにはまったく思い出せない欲望や経験をときとして思い出すことに驚いた。したがって、フロイトは、気づいていない、つまり意識していない欲望や過去の経験が行動に影響を与えうるという結論に到達した。こうして、催眠術に寄せられた初期の関心はノイローゼ病者の研究へとつながり、ついに精神病の治療のための催眠術以外の方法の発達をもたらした。さらに、異常性格者を観察することで、その後、正常なパーソナリティの説明に妥当する多くの考えが生まれた。(4)

パーソナリティ機能の理解の強調、現在の行動と個人の意識しない過去の経験との関連づけ、個人のふとした言葉の表現や肉体行動の評価といった臨床心理学の現代の発展は、その多くをこのようなダイナミックな伝統に負っている。(5)

「新しい心理学」に多大な貢献を行なったのは、ウイリアム・ジェームズおよびG・スタンレー・ホールであった。ジェームズ（一八四二〜一九一〇）は記憶および訓練の転移について実験的に研究し、その著『心理学原理』（一八九〇）によって長い間、アメリカの心理学および教育に影響を及ぼした。彼はアメリカに児童研究運動を導入し、広く児童心理学、青年心理学および老人心理学に関する書物を著わした。ホール（一八四四〜一九二四）は、アメリカで最初の心理学研究所をジョン・ホプキンス大学に設立し（一八八三年）、またアメリカ心理学協会（一八九二年設立）の初代会長でもあった。

心理学は、意識の研究のみに長くとどまるものではなかった。J・マッキーン・カッテルは、アメリカのメンタル・テスト運動および比較心理学の研究を促進し、一八九〇年、ペンシルベニア大学で使用したテストについて述べた論文のなかで「メンタル・テスト（精神検査）」という言葉を導入した。彼はその頃すでに、検査方法の標準化と規準の設定を主張していた。また、ソーンダイクやウッドワースとともに、統計分析によって個人差の問題に対処できると強調したが、これは当時においては、まったく新しいアプローチであった。

一方、アルフレッド・ビネ（一八五七〜一九一一）は、フランスにおいて研究を進めていたが、それまでのものより一層広範な行動のサンプリングに基づいた能力検査を開発し、それをパリの学校の児童の知能類型に適用し、成功を収めた。その知能検査がアメリカに導入され使用されたのは、二〇世紀になってまもなくであった。一九一六年に、ルイス・M・ターマンは、ビネ・シモン検査のスタンフォード改訂版を発表したが、それはアメリカの臨床心理学の検査のなかで最大の影響をもつものとなった。

第一次世界大戦の際、新兵採用にあたっての大規模な検査の必要に迫られて、集団検査《グループ・テスト》の開発は一大躍進をした。多くの人間の基礎知能を敏速に評価しなければならないという要請のために、結果的に広範な検査開発の手段が生まれた。こうした検査は、心理学の分野内と一般社会双方の検査に対する偏見をみごとに駆逐したため、公立学校には、知能分類のための集団検査が洪水のように氾濫した。二〇年代、三〇年代、心理学は生気にあふれ、まだ体系は整わないものの、幼年期を過ぎて、むしろ急激な嵐の青春期を迎えていた。第一次世界大戦の戦中・戦後の集団検査の発展によって、容易な生産や厳密な標準化に過度の評価がなされ、その他のすべての要因を除いて検査でえられた点数だけが強調された。心理学が検査と測定に夢中になった時期だったのである[(6)]。

四〇年代を迎え、第二次世界大戦になると、歴史的時代は去って現代に入る。第二次世界大戦中、約一五〇〇人の心理学者が軍務に就き、四人に一人の心理学者が応用分野で任務を果たすように求められた。すなわち、心理学は戦争というきわめて実践的な問題に応用されたのである。心理学的訓練を軍隊という場に適用するという学習プロセスは、現代心理学に深遠な影響を及ぼし、かつその後も継続する大きな潮流を示したのである[(7)]。

これらの心理学者は、当初、ほかの科学的学問は満足させえても、心理学的方法による一般訓練が自分たちの学問的背景とはおよそ無縁なものと感じていたが、その多くの問題に適用できることを発見した。航空機の計器パネルの設計から水中破壊班の選考にいたるまで、心理学者はほかの分野の専門技術者と協力している自分たちが貴重な貢献をしていることに気づいた。つまり、心理学者は、心理学の実験的背景はさまざまな問題の知的かつ有効な処理に移植できるという認識を強めたのである。

第二次世界大戦によって、心理学の必要性に焦点があてられ、なしうることはすべて実証された。戦後はなお、そのような社会的要請の圧力が感じられる一方、これまでの要請に対する科学的学問の反動もみられる。本章二二‐二三頁の表は、努力分野に関連する諸問題を解決するために心理学がどのように利用されているかを示している。

ここで、心理学者が第一線士官の人間行動の分野における役割に影響を及ぼしているので、その役割を正確に指摘する必要があろう。心理学者は、ある批判者が言うように、構造化された権威、確立されている慣習や伝統、あるいは道徳行為の個々の規準などという伝統的概念に対して無差別の攻撃はしない。心理学者はむしろ、軍人が市民生活と軍隊生活との間の調整過程や軍隊的雰囲気での正常な任務を遂行している際などに見られる葛藤や欲求不満への反応に関心をいだくのである。

心理学者は、人間行動の研究においては科学者として個人との情緒的な係わり合いを断ち切らなければならない。彼は、厳密に非個人的かつ客観的な調査の手順を遵守しなければならないが、第一線士官のアドバイザーという役割をもつ場合には、個人の情緒的経験の根源が何であれ、その経験が個人のパーソナリティにインパクトを与えているということを認識している。

たとえば心理学者は、人間の経験の一面としての宗教を人間によって創られた事実としてではなく、調査対象として利用しうる事実として存在すると仮定する。彼は、神を信ずることが内面的やすらぎと調和、安定と自己実現、道徳悪からの救済に対する深い切望の念を満たすことを認め、また、この宗教的経験とほかの個人的経験が、その内容と範囲をますます物質化しつつある文化に適応していくなかで、いかに個人の性格をコントロールしているかを認識している。

心理学者は、第一線士官と同様に、慣習、伝統および指揮方法が良好な人間関係を構築するのに現在役立っているかを考慮する。そのような場合でも、心理学者は、慣習、伝統および方法がいまなお有効であるかどうか、あるいは、それらはすでに目的を果たしてしまって、今では現代文化における人間関係を支援するより効果的な方法に取り替えたほうがよいかどうかという基準に基づいて判断するのである。

〈注〉

(1) Munn, N. L.,"Psychology : The Fundamentals of Human Adjustment," Houghton Mifflin Co., The Riverside Press, Cambridge, 1956, p. 3.
(2) "Psychology ; The Fundamentals of Human Adjustment," p. 5.
(3) "Psychology ; The Fundamentals of HumanAdjustment," p. 10-11.
(4) "Psychology ; TheFundamentalsofHumanAdjustment," p. 12.
(5) Watson, R, I., "A Brief History of Psychology," 'Psychological Bu11etin,' Sept.1953. p. 334.
(6) "A BriefHistoryofPsychology," p. 333.
(7) Watson, R. I., "The Professional Statusof the Clinical Psychologist," "Reading sinthe Clinical Method in Psychology," New York : Harper, 1949, p. 29-48.

第3章　人間行動の研究における科学的方法

科学が近代文明においてもっとも強力な力の一つであることが明らかとなったのはおよそ一世紀昔のことであるが、その頃から、人々は科学の性質についての鋭い疑問を提示し始めたのである。科学者は、宇宙の根本法則の発見と調査にあたって、どのような方法を使用したのであろうか。自然力に対する強力なコントロールを行なうために、科学者はどのような技術を駆使したのだろうか。科学者の問題解決の手法を明らかにするためにかなりの時間と努力が払われたが、その結果、そうした手法は特定の研究主題にかぎられるものではないという結論に達した。

科学は知識体でも研究室の技術でもないし、一連の器具や自然力の精緻な実験操作でもない。それはこれらのいずれか一つだけではなく、それらすべてと、これから述べるあるきわめて重要なことをあわせたものである。科学とは、問題にアプローチしていく一方法である。また科学は、問題を問い、解答を求めていくうえでの心構え、態度、方法でもある。

この結論は、きわめて興味深い示唆を含んでいる。それは、科学的方法が費用のかかる研究所の技術専門家だけのためにあるのではないということである。化学者や原子物理学者ばかりでなく、駆逐艦の艦長、海軍基地の部局長から末端の新兵にいたるまで科学的方法は利用できるのであって、科学者の行なう一般的な手順やものの見方を学習し応用できるならば、だれでもすぐれた問題解決者になれるのである。

科学は、基本的には一般的な態度である。人間行動の問題が科学的に処理可能であることを認識するようになったのは、つい最近のことである。それほど遠くない祖父の時代でも、たとえば「科学的心理学」という言葉は、ごく一部の人々にしか知られていなかった。しかし、リーダーシップ能力を実際に発揮しなければならない役割についた人々は、原子の動きと同様に、科学的手順に基づけば、人間の行動をよりよく観察、分類、予見、統制することが可能であるという認識をますます深めつつあるというのが現状である。

自然科学が科学のなかでもっとも進歩しているのは、その扱う量がもっとも測定しやすい点にある。物理学者は、ノギス（測定器）を使って、球体の面積を変えずに直径の長さを何度も測定できる。物理学者が物質の重さを繰り返し測っても、その重さは変わらない。しかし心理学では、被験者がパーソナリティ特性の測定テストの過程でなにも学ばずに、純粋にテストを進めることはほとんど不可能である。後章で明らかにすることではあるが、人間がなにかを学んだという単なる事実も、その人の内にそれなりの変化を生み出すのである。同一の知能検査を同じ人間に一週間の間に数回試みれば、その人は、通常このテストのやり方を学んでしまい、テストの度ごとに高い点数を取るようになる。人間の行動と人間の社会的関係は、化学や物理学の主題よりも、はるかに評価しにくいのである。

軍隊で成功するリーダーは、問題解決者でなければならない。さまざまな問題に遭遇することになろうが、もっとも重要かつ厄介なのは、人間という要素をはらむ問題であろう。科学的方法が軍隊のリーダーにとってとくに重要であるのは、知性があれば科学者でなくとも学習、活用できるからで、人間行動の問題に直面した場合には、さらによい成果がもたらされるからである。科学的方法の基本的態度は、次の三点である。

(1) 健全な懐疑主義
(2) 客観性
(3) 変化への即応性

懐疑主義

科学者は、誤った解答に騙されないように注意しており、その顕著な態度の一つとして理性的もしくは健全な懐疑主義があげられる。これは、ものごとを信じる場合に、十分な根拠が存在するまで疑いの余地を残しておくという態度であり、問題に対する解答を探求する過程がもっとも重要であるという態度である。具体的には、「いや、まず、よく見てみよう。ちょっと待てよ。本当の事実はここでは何なのか。証拠は何か」ということになろうか。つまり、懐疑的な態度というのは、日常の問題に対して、安易な既成の解答ではなく、よい解答をえるための第一歩なのである。

人間は、概して、ものごとを知らないでいるということに気づかれるのを嫌がるものである。だれかがリーダーシップまたは権限を行使する立場にある人に質問すると、質問された方は、「知らない」とは答えたがらないものである。弱さの印のように感じられるからである。しかし、科学者やその他の賢明な問題解決者にとっては、それは反対に多くの場合、強さの印なのである。というのは、それは周囲を見まわして検討する意思や既成の解答を借りる気持のないことを意味し、無知を認められるほどに知的であることを意味しているからである。

科学者は、かならずしも多くのことを知っている人ではなく、むしろ多くの問いをする人といったほうがよい。反対に、平均的な人のほうが、多くのこと、とくに「人間性」について「知っている」と思っているかもしれない。家族の影響、教育、個人的経験、これらのすべてのことが、人生や生きるべき道について、「普遍的真理」と見なされている解答を理解させる際に、影響するのである。科学者はどちらかといえば、この種の普遍的真理については健全な懐疑心を身につけており、まったく普遍的でないものがあることもすでに学んでいる。また、容易に手に入る既成の解答の多くが、厳密な分析に耐えられないことも知っている。

科学者は、つねに「経験の声」を懐疑の念をもって聞く。昔からの見解が、かならずしも、よい解決に導くわけではないことを知っているからである。ある考えは昔からよい結果を生んできたから正しいのだ、という証明のやり方を科学者は警戒する。尊敬に値する偉大な人物があることを信じれば、それは大いに信じる価値のあることとなるのが一般的だろう。しかし、懐疑主義者は、「そうですね。ほんとに知りません。少し事実を調べてみます」という。真理は、だれかの発言だけに基づいてつねに立証されるわけではない。

事実の証拠を好む人は、われわれがともすればよりどころとしがちな「もちろん《オフ・コース》」という微妙な言葉に疑惑の目を向ける。年長者からただで譲り受けた伝統的知恵の裏側に潜んでいる誤った仮定に欺かれたくないからである。人間は数十年または数百年間、一つの集団として生活をともにすると、しだいに生活についての「基本的な真理」も多く積み重ねていくようになる。そうした真理は、長期間にわたって継続し、一つの世代から次の世代へと伝えられていく。集団のなかで生まれた子供は、こうして蓄積された「真理」を吸収しながら育ち、自分で観察して結論を出せる年齢に成長する頃には、知らず知らずのうちに、多くの仮定、既成の解答を身につけてしまっているのである。「もちろん、戦争は避けられない」とか、「もちろん、人間は金のために働く」とか、「もちろん、大西洋はわれわれを攻撃から守ってくれるだろう」「もちろん、むちを惜しむと子供がだめになる」などの類いである。

懐疑的な人間は、これらの「もちろん」を疑う。伝統的知恵そのものを嫌うのではなく、賢い知恵といわれているものの実際にはそれほどでもないものに欺かれたくないからである。

軍隊のリーダーは、問題となることの多くが人間に関係しているので、文化という無意識の図書館から得た膨大な量の、疑わしい知識を利用したい誘惑に駆られることが多い。そのような誘惑は、物理学者、技術者あるいは生物学者よりも強く頻繁に感じることであろう。軍隊のリーダーは、原子や鉄橋やペニシリンについては言い伝えにぶつかることはないが、規律、士気、動機づけ、学習、愛、その他、海軍士官として遭遇する人間行動の諸側面において、「もちろん」がいかに多いかを見いだすだろう。懐疑主義的傾向の強い士官、すなわち「証拠は何か」を真剣に知ろうとする人は、前途に困難な仕事が横たわっている。容易な道は、だれかの「もちろん」を受け入れることであるが、その時点で思考は停止する。

科学者は自分自身の観察についてさえ懐疑的で、人間の思考の誤りやすさを十分心得ており、本人も人間なので間違いを起こしやすいのだと承知している。自分を全知全能と信じこんでいる人には無縁なことだが、みずからを疑うことによって、人間は、多くの場合、物笑いの種になるようなばかなまねをしないですむのである。これが、とにかく、懐疑主義の究極の機能である。科学者が一回目の自分の観察結果を疑うのは、自己の偏見や仮定によって歪められていることを知っているからである。ほかの観察者と一緒に点検し、自分の見るものが本当に存在することを確証するために、あらゆる努力をするのである。

リーダーは、緊急事態に備えて、正確に観察することを学ぶ。非常の場合、自分の観察をほかの観察者とゆっくり点検している余裕はない。リーダーは正しくなければならず、そうでなければ間違った決定を下してしまうのである。

懐疑主義には、問題解決者にとってきわめて実践的な意味がある。海軍の旧式な人員選考および配置手順について懐疑的な人間がいなかったならば、今日一般にも普及した人員選抜ならびに配置に有用な検査はなかったであろう。地球は平面であるという説にだれかが懐疑的にならなかったならば、われわれは地球の形状について現在の事実に気づかなかっただろう。懐疑主義は、周囲の検討を誘い、周囲の検討は新たな情報をもたらし、新たな情報は科学の進歩を導くのである。こうした進歩は、知的現状に完全に満足している人々の頭からは生まれないのである。

しかしながら、懐疑主義が皮肉と混同されてはならない。皮肉には、意地の悪い見方、すべてのものに対する不満の念がともなう。皮肉屋は、一切の伝統的解決や確立された手順を放棄することに賛成するが、懐疑家は、より合理的であり、証拠に裏づけられていれば、どんな解答も受け入れようとする一方、科学的吟味に耐えられないようなものには修正や拒否をしようとする。

健全な懐疑主義者となる最良の方法は、「何が証拠か」、「何が事実か」といった簡単な問いを自分自身、ときには周囲の人に投げかける習慣をつけることである。このような問いかけをしても人気がでるわけではないが、このような習慣が明晰な思考を促進することは間違いない。

健全な懐疑主義者は、うわさ、意見または無意味な大言壮語を羅列した結論を下すことはなく、事実に基づく証拠を要求する。しかし最初に証拠を求めても、次にうわさや意見あるいは無意味な言葉を受け入れるのであれば、出発したときよりもよくない状態になってしまう。

証拠は事実の形をとる。しかし、事実とは何であろうか。簡単なように思えるけれども、一般に考えるほど単純ではない。事実は、きわめて複雑なことがらである。よほど明快な頭脳の持ち主でないかぎり、事実とまさに事実のように見えることとの相違を説明できない。もしすぐれた問題解決者になろうとするならば、事実とは何であるのか、また事実と事実としてよく通じていることとはどのように異なっているのかについて注意深く考察することも妙案の一つであろう。

これは、科学的事実が観察と観察者の間の意見の一致に立脚するという原則に連なる。つまり、科学的事実は、観察者と対象物または事象との間で同意した観察で、観察がどのように、どんな観点から行なわれたかによって左右される。この定義には、多少実践的な意味が含まれているが、なかでも、たった一人の観察は疑わしいものであり、さらに批判的精神にあふれる人は自分一人の観察を間違いのない最終的なものと認めようとしないことである。批判的精神の持ち主はどんな人でも、たった一人の観察を、たとえ繰り返し行なわれたものでも、事実に対する確実な根拠と認めないうえに、あらゆる局面におけるさまざまな微妙な要因が観察に影響を与えることを記憶している。そこで、今度は、異なる状況下での観察を要求するのである。

意見は、事実のように観察に基づくこともある。意見は、観察者と観察対象との個人的な関係である。一度だけの観察または一人の人間が繰り返し行なった観察から生じる事実といわれるものは、実際は意見である。観察者が正直な人間で、観察中に個人的偏見もしくは感情をさしはさまないとすれば、よい意見であろう。しかし、それでも意見にすぎないのは、ただ一人の人間と観察対象間の関係に基づいているだけだからである。事実は公的な問題であって、私的な部分はない。一般に、意見はある程度の感情を帯びており、観察とともに評価をともなうものである。意見は、「良い」、「悪い」、「役に立たない」という言葉やそうした概念で述べられる。情緒的意見というのは容易にそれとわかり、それなりに扱われ、ときとして事実と認められることもあるが、本質的には思考よりも感情に訴えている。

抽象概念もまた、思考過程を混乱させうる。人生や人間——とくに人間——についての話は、抽象的な言葉で行なわれることが多い。抽象概念は、そもそも、即座には見ることのできない世界の属性や特徴ということができよう。飢餓を例にとってみよう。だれも飢餓を見たことがない。人間は、食物があるときは一定の様式で行動できるが、食物がなくなると騒々しくなるものである。しかし、だれもまだ飢餓それ自体を物的対象として見たことはない。同様に、だれも、正直、愛、知性、動機づけ、自己中心や人間性を見たことがない。これらの抽象的な言葉は、事実から大きくかけ離れているけれども、その発露は毎日観察できる。抽象概念は有益かつ必要なものでありながらも、あくまで抽象概念として認識されるべきであり、観察可能な事実と混同してはならない。

客　観　性

科学者は懐疑的人生観をもち、証拠の真偽を識別できる能力をもっているほかに、研究に対する客観的態度を貫こうとする。すでに述べたように、自己の観察についても疑い深く、自分で行なった観察を他人に点検してもらうために、ときとしてかなり苦労することもある。それでも科学者は、みずからを疑い用心することが信頼すべき知識を確立しようとする場合にきわめて必要であることも心得ている。

客観性と観察過程の内容とは、直接の関連がある。観察は一人の人間と世界のある側面との間の関係である。偏見や感情などの個人的要因によって、観察が観察者独自のものとなれば、客観的ではなく主観的だということになる。観察者が、円滑に機能する完全装備の非感情的な神経系統の持ち主であれば、明瞭な観察、すなわち客観的な観察を行なうであろう。したがって、客観的に観察するうえで肝心なことは、冷静で素養のある人々の同意が得られるように観察することである。

人は観察や解釈をする際、主観的になりやすい。「人は世界をあるがままではなく、見たいように見る」という諺《ことわざ》を想起されたい。人間について研究した結果、諺に見られる考え方を支持する証拠はかなりあることが明らかにされている。偏見、先入観、希望、恐怖、好き嫌いなどが作用して特有の知覚が生み出されていることは否定できない。たとえば、ある実験によれば、五〇セント硬貨がささやかながらも財産である子どもとドルや高額紙幣の扱いに慣れている大人との間で五〇セント硬貨の実際の物理的大きさの印象を比較すると、明らかに前者が大きく感じているという結果になり、また五〇セント硬貨をよく使っている余裕ある子どもは小さく感じる傾向にあるということが明らかにされた。

まわりの社会を一定の型に押し込もうとして、信じすぎたり、感じすぎたり、求めすぎたりする人は、社会の印象をあまり鮮明には感じないものである。情緒、偏見、希望、信念、憎悪、愛などをもたない者は、本来、パーティに呼ぶには退屈な人々であるが、しかし、問題を解決したいときには、このような客観的なアプローチを用いる能力をもつ人が、事象をはっきりと観察し、まっすぐに思考できるのである。

観察者の情緒は、潜在的でも顕在的でも、一般的には、観察を特有のものにしてしまう一番強力な要因である。まだこのほかにも観察を歪める要因は存在する。神経系統自体に欠陥があって、それが現実世界に触れた場合によくない結果をもたらすこともある。しかし現実には、神経系統の構造的欠陥が有害な主観性につながることはまれである。盲目の人は自分を盲目と知り、耳のよくない人は他人の耳に匹敵する感覚を形成するのである。

　これと対照して、神経系統の機能不全はきわめて危険であろう。異常な情緒や願望、特有の思考習性は、目や耳の不自由さ同様に現実を歪曲するかもしれないが、前もって探知して勘案しておくことははるかに困難である。というのは、これらは無意識のうちにわれわれの観察に忍び込み、知覚を非現実的なものにしてしまうことがときとしてあるからである。

　人を判断する場合ほど、観察が歪められ、主観的になることはない。人間は、好き嫌いの対象であり、尊敬・蔑視の対象である。平均的な人が他人を観察する際、その人との情緒的な関係から生まれる歪んだ影響を押えることは、ほとんどできない。客観的に評価しようとする人は、すべての事実を集める努力をするので、こういう人の他人の評価は、当該人物の友人や敵の行なった評価とはまったく違ったものになるのである。

　偏見にもっとも影響されるのは、他人や自己を判断する場合であるが、「非個人的」な問題も影響されることがある。たとえば、ある駆逐艦について真実を見いだしたいと思っても、艦長が自分の艦船に異常な偏見をもっていることが知られている場合には、艦長の観察結果をまず疑うのが妥当だろう。また、訓練計画の立案者がその訓練結果を判断する最適任者とはかぎらないだろう。

　現代文明における人間の基本的特徴の一つは、解答を得たいという欲求である。個々の人間は、一つの解答は百のよき問題に値するという思いを強めながら成長する。そして、問題に直面した場合、解答がえられないと、何となく不十分な気持をいだくのである。大いに当惑したあげく、よい解答への努力を惜しんで、安易な解答に満足してしまうことも少なくない。しかし、これはときとして、きわめて不幸なことになる。なぜならば、いったん解答が得られると、善かれ悪しかれ、解答を主観的に防御しようという気持が強まり、ある人固有の解答となって、問題の解答にならないだけでなく、解答に対するいかなる攻撃も一人で受け止めなければならないからである。自我が解答に投影されており、解答を支持するような事実だけで、自我を守ろうとするのである。

この種の自己防御の偏見は、議論においてよく見られる。これは、二人の人間が一つの問題を全面的に相反する立場で、議論するところから始まるのが典型的である。やがて対決の場が決まり、各人はそれぞれの立場にコミットし、自分の立場に合致する事実および原則を一心に追求するのである。その結果、議論はなんの収穫もなしに終わるのがほとんどで、各参加者がそれぞれの立場の正当性の確信をさらに深めるのが普通である。人間は、ある問題でひとたび自己の立場を決めると、もはやその問題に関連する事実を公平無私に観察できなくなってしまう。人は、たやすく主観の流れに身を任せることができるのである。

討論はこれに反して、参加者に納得のいく成果をあげることが多い。決定的発言ではなく、新しい証拠を求めようとする疑いをもった態度で討論が始まる。参加者はそれぞれの観察を提供し、暫定的な結論を目指す。だれも決定的立場を打ち出さず、また自我を信念に投入しないので、討論の結果、新しい関連事実が発見される。そこで、よい解答を欲するならば、問題解決の探索を開始するにあたって、「私は……と確信する」というような言い方をしてはならない。ひとたびそういってしまうと、客観的観察者としての資格を自分自身で喪失することになるのである。

問題解決に卓越している人は、自分自身の知覚の客観性をも疑っていることが多い。科学者はかならずしも客観的な人間ではないが、自分が客観的ではないということをすでに学んでいるのである。そして、欠点があっても、馬鹿にされないような技術を巧みに身につけている。すなわち、彼は自己の観察を他人とともにチェックする。彼は自分の知覚装置の誤謬を克服する特別の手段を使用する。すなわち、彼は他人の立場に立って、他人の目でものごとを見ようとする。そのため、何らかの結論に到達しても、自我の投入された永久的なものではなく、暫定的な結論がえられ、結論の変更を必要とする新しい関連事実が発見されれば再調整が可能なのである。

科学者の業績の多くは、観察の客観性のほかに、何を観察すべきかを正確に知っているということに起因する。科学者は、あらゆる方向でのでたらめな調査方法で問題解決を始めることはなく、まず体系的な観察を行なうのである。よい士官は、よい観察者となるにあたって、大いに勉強になるのは、科学者の例に倣うことである。科学者は関心をもつ必要のある重要なことがらを選別するコツを身につけている。何を検討するかがわかるようになるには、素地となる知識がなければならない。

海軍士官は、人間関係の問題における最良の焦点を見いだすには、人間がどのように反応するかについて知らなければならないし、人間行動の要因を把握する助けとなる概念上のツールを必要とする。本書の基本的な狙いの一つは、正しいことがらに注意が払えるようになるに十分な背景を、海軍士官に示すことである。たとえば、人間の学習または欲求不満の根本原理を理解する海軍士官が、訓練または規律の諸問題をよりよく解決できる立場にあるのは当然なことと思われるのである。彼は、進んで人間のパフォーマンスの微妙な要因を探求し検討しょうとするであろう。

変化への即応性

健全な知性の持ち主は、あらゆる種類の出来合いの解答を疑う。証拠を探求し、それを見いだした場合には承認し、観察や解釈の客観性に努める。だが科学的方法には、これ以上のものがある。本当の科学者は、証拠が発見された場合に、それに基づいた行動がとれるような即応態勢をとっているのが特徴である。証拠に基づいて積極的に何かをしようとするのであるから、知的調整の妥当性は十分に確立していることになろう。これは、変化への即応性（readiness to change）を意味するのである。これは、証拠が現状を旧式で意味がないことを示した場合には、そこから脱皮しようとする積極的な意思を意味する。たとえば、海軍士官は、現行の教義、標準作業手順および戦術が、新たな艦船、航空機ないし武器体系を導入しても時代遅れのものとならないよう、たえず、評価を続けなければならない。

生命は過程である。万物はたえず流転し、相互作用し、変化している。もみじの日々の移り変わりとか、昨日と今日の年齢の違いなど、変化といっても実際にはほとんど意味がない小さなものもある。それでも、変化はたえず行なわれている。実際に重要な変化が表面化するのに一か月、一年、ときには一〇年も待たなければならないこともあるかもしれない。それでも変化は起こるのであり、昨日が今日とまったく同じように、また一九二〇年が一九六〇年と同じように行動するような人は、新たな異なる方向の問題に対しても、古色蒼然とした解答を与えるにちがいない。

変化に抵抗する人が存在することは明らかである。一般的に、人は解答を必要とし、解答が得られないと不十分な気持になる傾向があることはすでに指摘したが、さらに自分の専門分野とはまったく関係のない問題に対しても、解答をえたいという欲求が湧き起こることが少なくない。この解答に対する欲求が強まるにつれて、新たな解答の発見を必要としそうな一切の変化に対して、意識的・無意識的に、反抗しがちとなる。変化が永遠に続くものと認めるならば、多くの解答が暫定的なものにすぎないことをどうしても認めざるをえない。一〇年前、またはほんの昨日まで適切であった解答も、今日はもうよい解答ではないかもしれない。新たな解答を創造する過程は骨の折れるものであるから、変化がなかったものとなれば、もっと気楽な生活ができるようになる。

変化に強硬に抵抗したり、変化が生じた際に腹を立てたりする人は、普通、新しい問題に対するよい解答をえる能力がない人間である。「旧態依然」の慢性的愛好者は、変化に反対したいと思う人々を除けば、おそらくひとかどのリーダーにはなれないだろう。

驚異的な技術開発が進む現代では、近代的なリーダーは変化に適応していかなければならない。戦争手段は変化し、軍事問題も変化する。リーダーが係わりをもついかなる集団においても、社会的雰囲気、士気の状態、心理的構造等は、毎日、毎週あるいは戦争ごとに変化するものである。リーダーが全体的な変化に対して、型にはまった態度や解答、固定化した思考や行動の習慣で対処しようとするならば、成功の頂点を極める可能性はまずないだろう。

しかし変化への即応性は、現状のあらゆる局面に対して激しく反対をすることではない。現在のやり方すべてに反対する気違いじみた過激分子は、まったく何も変えようとしない人間とひとしく不幸であり、双方とも無意味さの優劣の点でほとんど差はない。変化が生じたときにそれを認識するリーダーは、賢明な人である。変化が不可避的な場合にそれを受け入れるならば、さらに幸運かつ有能なリーダーとなる可能性はますます強まる。

科学者は、懐疑的で事実志向であるから、質問製造者ともいえるが、ただやみくもに質問をするわけではない。科学者はよい質問をする術についてちょっとしたこと、つまり常に頭を冴えた状態にしておくために知っておくと便利なことをすでに学んでいるのである。

質問のなかには、解答不能なものもある。そういう質問は解答しようとする人を、知的、感情的困惑に陥れるのである。質問には、表現を変更しないとわからないものや、細分化を必要とするものもある。質問がよければ、関係事実の発見に着手するのとほぼ同時に解答が得られるものである。

よい質問をすると、人生はかなり複雑なものになるが、人生はそもそも複雑なものであるから、複雑性をそのまま表わせるような質問は、さらによい解答と分別ある行動をもたらすものである。とはいえ、「なぜ」という質問は、通常、あまりに単純な、「なぜならば……」によって答えられすぎている。

事実要求の質問、つまり、「だれ」、「いつ」、「どこで」、「どれだけ」、そして「どんな状況のもとで」などの質問を注意深く、かつ根気強く投げかけることは、よりよい解答を獲得するための一つの確実な方法である。

分　類

世界は、広大で騒々しい混乱に満ち満ちている。そこに住む人々は、たえずこの混乱を把握し、どのようなものなのかを理解しようとする。混乱した環境から意味を理解するには、主として分類という手法を利用する。人間の周囲には驚くほど多彩な事件や対象があるが、それを個別に研究したり、個々にユニークな反応をしなければならないならば、人間はそれらを追跡することは不可能であるにちがいない。そこで、ものごとをグループに集め、羊は一つのグループ、山羊は別のグループ、黒はここ、白はそこ、というようにして、羊と山羊、黒と白に分けて反応するのである。
科学は、たえずこの種のことをやって前進するのである。ところがこれを一般人がやると混乱してしまう。その理由は、科学者や専門家、素人でも頭のきれる人は、分類のしかたと、それを有用な目的へ適用することを学んでいる点にある。とはいえ、知的な人でも分類を誤るとジレンマに陥るものなので、問題解決者は分類を自由に使いこなしたいときには、分類していく過程を十分に理解している必要がある。

分類は恣意的な場合が多い。どこかに一線を引かなければならない場合、どこに引いたとしても、その過程は恣意的である。あるカテゴリーの図表が、次のカテゴリーのものとほとんど違わないこともある。こうした恣意性は分類ごとに起こり、また分類は次々と生じる。それでは、どうすれば世界の現実的な姿をうまくとらえることができるのだろうか。

科学者は分類をするといわれてきた。科学はそれ自体で機能しているように映るので、分類をする場合でも、本質的な間違いはあまり生じない。間違いが起こるのは、分類がどの程度現実とずれているかを知らないまま、その先に進んでしまうことである。人は対象を見ると、それを急いで分類するが、その後はその分類の構成要素はすべて同じかのごとく扱うことが往々にしてある。やっかいな問題は、そこから始まるのである。

分類する場合、同じ事柄を一緒にする。しかし何が同じかは、分類する人とその人の目的に依存する。たとえば、なにげない雑談でだれかの服装を記述するのに、ぼんやりとした相違しかない四〇種類の白色はすべて「白」でいいし、二〇種類のグレイは「灰色」でかまわないし、また二〇種類の黒色は「黒」でいいのである。会話の目的には、これ以上に精密な分類は必要ない。白・灰・黒に分けるだけで十分である。しかしながら、灰色で艦船用の塗装を行なう場合には——偽装にもっとも適している色は灰色なのだが——このような広い分類は用いられないだろう。服装の会話では、同じ灰色でも、目的が変われば違ったものになるのである。灰色のなかでの色合いの違いなど通常は大したことではないのだが、一隻の艦船を失うかどうかが、その微妙な違いにかかってくるとなると、単に大まかに灰色というわけにはいかないのである。

「同一」という意味そのものにも幅広い相違がある。混乱を招かないで分類を扱うには、一定の時点で「同一《セイム》」と「相 違《ディファレント》」という言葉がどのように使われているかを、はっきりと知っておく必要がある。海軍大臣が大統領にアメリカ海軍の就役中の航空母艦数を報告する場合、航空母艦はすべて同一であるといってよい。この場合の「同一」の意味は、どんな空母も巡洋艦、駆逐艦、揚陸艇などとは違うものだということである。しかし、攻撃用空母機動部隊編成のための空母選定の問題になると、すべての航空母艦は同一ではない。目的が変われば、「同一」および「相違」の意味するところも変わるのである。下士官との区別においては、海軍士官は全員同一である。けれども、海軍人事局の任命補職の際に、海軍士官全員が同一と見なされれば、最後には航空医官を第七艦隊司令官として仰ぐことにもなりかねない。

以上のことはかなり明白なことなのだが、それでも、「同一」と「相違」の意味する微妙な変化が無意識のうちに脳裡に生じ、思考過程を歪めるのである。海軍の将官はどういう点で同一なのか、水兵見習はどういう点で同一なのかをみずからに問いかけなければならない。

答は簡単である。一等水兵は全員、同一の階級であるという点で同様であり、すべての海軍の将官は袖に袖章、ないし襟に星章をつけている点で似ているのである。

「一等水兵」という分類は、ほかにどんな点で役立つだろうか。すべての一等水兵が経験や知性や成熟度を欠いているのだろうか。すべての将軍が孤高で近寄りがたく、頭の鋭い人であろうか。答はおそらく、すべて否定的であろう。ある目的のための分類が別の目的に利用されると、思考はもうろうとしてくる。

人は、将官、大学教授、海軍兵学校生徒、ハーバード出身者、悪人、二枚目役者などについてはステレオタイプの人間像をもちやすいが、そうした観念で個人個人に接すると、かならずといってよいほど、現実的でない対応をしてしまうものである。本当の大学教授というものは、大学で講義を行なう人にすぎないが、ステレオタイプの大学教授のイメージは、あごひげをたくわえ、パイプを偶然窓の外に放り投げて、マッチをくゆらせるほどぼんやりとしているような人物である。どんな場合でも、ステレオタイプの見方で個人に接すれば、実在に対してではなく、イメージに対して反応しているのである。

要　約

振り返ってみると、科学的方法というものは、専門の科学者だけが活用できる抽象的かつ学問的なものではない。それは、一般的な態度の様式であり、一連の知的技能であって、知的なリーダーであれば、ほとんどだれもが学習し、実際の諸問題に適用できるものである。

人間行動の諸問題が科学的にアプローチされるようになったのは、近年のことにすぎない。人間の問題についての多くの迷信や既成の解答を克服する必要性があるなかで、科学的研究はそれなりの成果をあげている。この成果は今後ますます大きなものとなるであろう。そして、海軍士官が自己の人間関係の問題に毎日接する際に科学的方法を利用するならば、大いに役立つであろう。

科学者、専門家あるいはそのほか職業家の基本的態度は、(a)健全な懐疑主義、(b)客観性、(c)変化への即応性である。本物の科学者は、実験衣を着ようと、作業服を着ようと、二番煎じの解答に不審をいだき、表面は立派でも不正確な仮定とか、ひらめきはあっても紛らわしい「知恵」などによって欺かれるのをきらうものである。科学者は証拠を欲し、自己の考えが正しいことを立証するよりも何が真実であるかを決定することに関心をもっている。したがって、科学者は、自己の観察が客観的であること、つまりみずからの見るものが純粋に自己の神経系統の関数ではないことを、確認しようとする。科学者はよい問題を好み、解答を得るよりも自分で見いだすことにより大きな満足感を覚えるのである。また、世界はたえず変化し、そのため常に新しい解答が必要なことを進んで認めようとするほど、解答を見いだす能力に十分な自信をもっているのである。科学者は、変化を不可避と考え、不都合なことではなく挑戦として受け止めるときに、変化に対する即応性を有する。

これまで述べてきた態度は、パーソナリティの奥深くまで浸透するが、一晩で学習できるものではない。それらはあくまでも、問題解決の基本となる手段を構成する。

けれども、問題を成功裏に解決するには、態度とともに技能スキルも必要である。客観性を維持し、証拠を確認し、さらに神経系統と観察対象の物体や事象との関係を最良な状態にしておくためには、それなりの技能をともなう。重要な事柄について適切な問いを投げかけるにしても、分類を適切に利用するにしても、技能が関係してくる。本章の目的は、リーダーが態度や技能と親しく取り組み、望むらくは学習し、自分自身の問題と戦う際に活用できるよう、態度や技能について説明することであった。

第4章　集団の構造と機能

海軍士官の当面する人間関係の大部分は、おそらくは、個人が決定的要因である関係だろう。海軍士官がどれほど専門知識や能力、技術特技に有能であっても、その成功は部下の努力を効果的に指導することによって決定されることが多い。しかしながら、海軍士官はまた集団に出会うものであり、その集団を理解し指導する能力が、自己の組織における真価を問われる重要な要因となることは必定である。集団は個人から構成されるが、いったん個人が集団に結合されるや、個人の集合は集団の特性を帯びることになる。

集団の研究には、ある点において、単一個人の研究に対するアプローチとはかなり異なるアプローチが要請される。集団は常に個人から構成されており、個人は集団のなかにあっても個人のようにふるまうことをやめるものではない。しかし集団もまた、リーダーが個々の成員のみを注視している場合には表われない独自の特性をもつのである。集団の構造、集団の行動、集団のほかの集団に対する関係――これらはすべて、集団から距離をおいてそれ自体を全体として不可分の単位として検討することによって一番よく理解されうるのである。

本章においては、集団の研究を始めるにあたって、まず個人の集団に対する関係を検討したい。個人はなぜ集団に加わるのか。なぜ個人はある集団についてはほかの集団よりもより熱心であるのか。

これらは基本的な問題であって、その解答は個人の欲求および集団成員の欲求充足の仕方を分析することによってのみ与えられる。このように、集団はその構成部分よりもむしろ、一つの単位として研究されうるのである。ここでの目的は、海軍士官に対して集団に対処するに際して利用すべき一般的素地を提供することにある。

集団の性質

集団や集団活動にたくさんのタイプがあるように「集団」という言葉にも多くの定義がある。ここでは、具体的な定義を定めるのが目的ではなく、その代わりに、集団活動一般の基本的要素について若干考察したい。どのように定義されるにせよ、または、どんなタイプであるにせよ、集団が特定の目的、使命のために組織され、その方向へ集団的行動を向けると、それは多くの特徴を帯びはじめる。当初から、集団は構造や組織の形態をとり、集団の目標達成を容易ならしめるため、組織の原則を採択する。集団は、その活動を集団目標に向けて行動するようにさせるために、凝集性の高い一つの集団に一体化されていなければならない。

組織的および非公式集団にあっては、集団成員は互いに関係する心理的なものをもち、ほかの成員と相互に関係し合い、成員の相互作用はほかの成員によって影響をうける。以下で「集団」というときは、それは相互作用をする多人数の人間を意味する。

もちろん、集団成員の間の相互作用の種類や程度は多様である。たとえば、海軍のトレーニング・センターに到着する一〇〇名の新兵の例を取り上げよう。新兵は、正門を通過するとき、たまたま同じときに、同じ所にいたという主な理由によって、集団を構成する。この時点では、まだ「一団《バンチ》」と呼ぶほうがもっと適当であろう。ところで、今度は駆逐艦の乗組員を眺めてみよう。ここではれっきとした認められた組織があって、リーダーや下部リーダーが適切な役割を演じている。そこには体系的な分業が行なわれる。乗組員はお互いに顔見知りであって、自然「われわれ」として語り合う。彼らは自分たちの艦船を誇りにし、その艦名によって一体化している。これはもはや「一団」ではなくて「集団《グループ》」という言葉を使うほうがより適当な名称である。しかし、成員が集団として一体化し、構造が発生し始め、成員が自分たちを「われわれ」という言葉を使い始め、個人個人が共同の努力を具体的な目標達成に注ぐとき、その一団は集団となる。自然発生的組織——非公式集団《インフォーマル・グループ》や徒党《クリーク》——も正規の組織の内部に出現し始める。指導よろしきを得れば、これらの非公式集団や徒党は、集団の目標への前進に大きな助けとなりうるものである。他方、個人と集団全体との一体化が最小または皆無である場合には、これらの自然発生的組織はまた集団全体の達成を妨げることになる。

集団を取り扱う際に、説明的および記述的用語が使用される。慣習的には、集団は機能——すなわち、何をなすか、または達成しようとしているか——に関連させて語られる。集団はまた、メンバーシップ——成員はだれか、またどんな職業か——についても討議される。より記述的に観察されるにあたっては、集団はまた次元に関連させて議論される。これらの次元は、相対的な評価が可能であり、多くの場合、測定されうるこれらの次元、あるいは適用可能な場合の測定について意識ないし知っておくことは、リーダーの集団の努力を指導するのに有益である。

規　模

集団は成員の数によって違うことは明らかである。集団の規模が大きいほど、集団はますます潜在的に複雑化する。この複雑性は、集団自体の数的大きさ以上に急速に比例的に増大する。たとえば、三名の集団に一名加わるときは、その集団内において個人間の対人相互関係は六から二四の関係に増大するのである。小集団の努力を指導するために用いる手順は、より大集団を指導するのに用いる手順と異なることは明白である。

構造

集団は構造をもち、これを維持することができる。集団の組織構造は、各成員にある地位、承認および役割を提供する。それはまた関係を規定する。

構造は、公式である場合と非公式である場合がある。それは、組織図、規則、規程、階級・等級および職位記述書のように客観的かつ具体的であるか、または下部組織および「不文律」のように非公式でもある。いずれの場合にも、構造は組織の保全を維持する役割を果たす。

密度

密度とは、作業集団における空間単位当たりの人間の数をいう。密度の高い集団は、密度の低い集団と明確に違っている。毎日の観察によると、個人は密度の低い集団よりも密度の高い集団と一体化する傾向を示唆しているようである。高密度の小集団は、低密度の大集団よりもより多くの心理的報酬を一般に与えるように思われる。少数の個人との対面関係は報われたものであるが、その点では、多数の人間との非個人的な関係ではためになることはまれである。軍事的には、このことはきわめて重要である。第二次世界大戦や朝鮮戦争の研究によれば、個々の戦闘員の直属部隊に対する関係は、自己の三軍部隊や国家に対する関係よりもはるかに心理的に重要であるとの結論が出されている。

自然集団―強制集団

ある集団はまったく偶然に起こる。それは自然発生的に生まれるのである。自然のリーダーが現われ、おのずから分業が行なわれ、または、特定の関係が樹立されて、集団が仕事を開始する。このことは、しばしば、より大きな、正式に組織された集団内部に偶然に発生する。これが自然集団である。しかし、それ以外の集団は計画されたものである。個々の成員は、すでに厳格に組織された集団へ招かれ、または強制加入される。個人は、既存の体制のなかにうまくはまり込まなければならず、集団の型のなかに独力で適所を見いださなければならない。これらは強制集団である。

ほとんどすべての軍の集団は強制集団であるが、これは軍隊の集団が有効な集団となりえないという意味ではない。強制集団の場合、成員の一体感または士気が自動的に発生することは期待できない。軍の組織には、絶対に真の集団とならず、絶対に一体感や成員間の相互犠牲または成員たることの誇りを特色としないものもある。しかし、多くの軍の部隊は、本来強制的であるが、本当の効果的な集団となるのである。「一団」を高い集団一体感をもった、目標へ方向づけられた集団へ築きあげることは、リーダーへの真の挑戦である。

強制集団の重要な特徴は、個人の成員が脱退できないということである。このような集団のリーダーは、いかにいやなことをしても技術的にフォロワーを失うことはない立場にある。成員が離脱できない場合には、リーダーが自分は有効なリーダーシップを促進しているという錯覚をいだきやすい。軍の集団のうちでもっとも有能なリーダーは、おそらくは、部下が去ることができないという事実にけっして依存しない人であろう。

集団はなぜ発生するか

集団は単に数人の人間を同じときに同じ所におくというだけでつくられ、または、結成されるものではない。個人が真に組織された集団を形成するにいたるのは、ただ集団の形成が個人としての自分に報酬をもたらすことを約束する場合のみである。すなわち、個人は、成員の地位が心理的に報酬をもたらす場合にのみ、集団の成員となり、集団を自己と同一化するのである。さらに、個人が公式および心理的に加入しようとする場合には、集団への帰属感は心理的に報酬を与えるものでなければならない。人々は通常、集団が自己の欲求を満足させないかぎり、集団に加入しないものである。

おそらく、すべての個人が、冷静に、次の問いを自分自身に投げかけるとはかぎらない。「一体集団にいることは、自分にとってどんな利益があるのか」。しかし、個人は、なんらかの方法で、この問題が自己の集団に関係があることをいち早く決めるのである。集団の一員であることが心理的に報酬を与えない場合には、個人が集団に残って仕事をするかもしれないが、個人は厳密には個人として仕事をなし、集団の真の一員として仕事をしないのである。「自分にとって、集団には役立つものはない」と決めているからである。

集団の特徴

越境性および非越境性

ある集団はきわめて排他的であって、そのメンバーシップを得ることはむずかしい。だれでもちょっと加入できるわけではない。ひとたび入っても、それらの選ばれた人がすべてそこにとどまれる、あるいはとどまろうとするとはかぎらない。これらの集団は、相対的に浸透不可能な境界をもつといわれる。

他方、容易に浸透可能な境界をもつ集団がある。加入要件はきわめて容易に満たされるし、メンバーシップも比較的無制限である。

組織へ入る道が困難なものであればあるほど、成員はそれに所属することにそれだけ多くの誇りを感ずるのが一般である。だれでも加入できる場合には、成員たちの自尊心を高める余地がほとんどないことは明白である。

したがって、集団が排他的であればあるほど、メンバーシップの報酬はそれだけ大きいのである。そして、一体感を高めるという見地に立てば、集団のリーダーが集団に排他的と思わしめることは賢明である。リーダーが排他性を強調するとき、成員全体は通常この性質を敏感に受け入れ、これを増進するはずである。全体に奉仕する観点から見れば、このような排他性は、有名なアメリカ海兵隊の団結心のなかに生じる。それは、また、陸軍空挺師団、海軍水中破壊班、各種航空中隊、潜水艦勤務など多くの各部隊レベルにおいても大いに見られる。

内的団結力

集団は構成員の間の関係性によって異なってくる。一つの集団を研究すれば、集団の各成員がほかのすべての成員と緊密かつ協力的に固く結ばれていることが判明するであろう。すべての成員は重要であり、ひとしく帰属しており、協調するのである。これに対して、ほかの集団の成員は団結がきわめてゆるく、相互に消極的、敵対的な関係さえもっている。第一の集団は凝集性が高く、第二の集団は凝集性が低いといえる。

ある集団は内部に小さい下部集団または閥が存在し、それぞれが勝手な行動をとるため凝集性を欠いている。実際、構造の内部に非公式な集団または閥がない集団はまれである。これらの小集団は、リーダーが成員全体の努力を同じ方向へ注ぐことに成功するか否かによって、全集団にとって有力な資産ともなれば、債務ともなりうるのである。

潜在力《ポテンシイ》

すべての成員の一体化が強い集団は潜在力の強い集団である。それは緊張感が高く、「集団性」の絶頂にあるものである。潜在力とは、本質的には、成員の「平均」一体化を表わす言葉であって、集団は、メンバーシップの中心的欲求を満たしているか、または満たそうとしているとき、潜在力が強大なのである。

極性化《ポラリゼーション》

ある集団は二心のない集団であり、各成員は同一の目標に向かって努力している。ほかの集団では、種々のメンバーが多様な目的に向かって、多様な方法で努力している。集団が単一の目標の達成に向かってはっきりと方向づけられているとき、各個人がその一つの目標に向かって協力し努力しているとき、集団の極性化が高いのである。単一の目標がないとき、または単一の目標が各メンバーの関心をえられないときは、集団の極性化が低いのである。

集団が同時にいくつかの方向に方向づけられるとき、またはその半数が一つの方向を指向し、ほかの半数が別の方向を指向するとき、その集団は多分どの方向においても成果をあげることができないであろう。集団は各成員にそれぞれの心理的満足を与えるため、メンバーはグループを楽しく思い、それとの一体感をいだくかもしれない。しかし、成果に関するかぎり、最小要件として高い極性化が必要である。各成員にとって同時に同一の目標が絶対要件である。

このような利害の統合は、一定の状況のもとでしか実現しないようである。集団の目標がグループ・リーダーによって、集団にとって至上なものとされないかぎり、集団の各成員の欲求の充足が通常集団の目標に優先するものである。このことは、平時の定期訓練作戦を実施する海軍部隊における重要な問題である。高度の極性化は、集団目標の達成が集団のメンバーシップにとって高度の価値ある報酬を生むとき、起こるのである。集団の成功によって満たされる欲求は、表面上の個人的欲求よりもはるかに重要である。しかしながら、上述のとおり、集団が多くの場合ルーチン作業に従事している場合には、極性化はそれほど高くなる可能性はないであろう。

安定性

集団のなかには長期間ほとんど変わらないものもある。明日も、来週も、来年も、それらの集団は本質的に同じ状態である。そこには同じメンバーがおり、目標が本質的に同じであり、リーダーも同じである。このような集団は安定性が高い。またある集団は、絶え間ない変化の状態にある。メンバーシップ、目的、目標、および構造全体がたえず変化する。これらの集団は安定性が低い。

海軍の集団、とくに、海上部隊は、たえず集団の安定性に関する問題を経験している。使命達成に反映される目標が常に存在するけれども、使命はたえず作戦上の実施義務の要件とともに変化するのである。技術革新は人間対機械、人間対方法の両調整をしばしば必要とする。さらに、集団はしばしば人事異動による変更を余儀なくされる。

これらのたえざる革新にうまく対処するには海軍要員における高度の万能性が必要である。それは高度に必要とされる結果、万能性は日常茶飯事として予定されているほどである。この万能性が一体感の高い乗組員のなかに存在するならば、集団が有能な集団リーダーシップのもとで高いモラル、能率的実績を維持することははるかに容易になる。

個人と集団

集団との一体感

個人は、所属する集団に対して強く動機づけられることも、完全な無関心をもって対することもある。個人は集団に没入し、集団の福祉のため自己を犠牲にし、集団の成否を自分のものとして受け止め、集団の名誉を失墜せしめることを恥と感じることがある。このような場合、個人は集団と一体化しているといわれる。他方、個人は何が集団に起こっても意に介せず、自己負担分を担う必要を感ぜず、集団のために自己を犠牲に供する気になれない場合には、個人と集団との一体感は弱いのである。前者の場合、個人は集団に対して自己の延長とみなして反応するのである。集団の福祉は自己の福祉であり、集団の目標は自己の目標であるとするのである。後者の場合、集団は自己とはまったく別個のものである。成員は、自己の目標や福祉と集団のそれとの間にあまりに多くの差違を認めるため、かなり勝手な行動をとることになる。

自然集団では、個人は仲間に入るか入らないかのいずれかである。ひとたび入れば、とどまるか出るかである。しかし、集団との一体感はこのすべてか無かといった性質のものではない。個人は加入する前から集団と一体化するかもしれないし、いったん入ると、この一体化は大きくなることも小さくなることもある。集団との一体化は、個人が程度の差こそあれ、提供すべきものを集団全体とその目的達成のために投資する過程である。

成員と集団との強い積極的な一体化は、ちょうど鏡を見る人のようである。メンバーがグループを評価するとき、鏡に映る自己の姿を認めるのである。彼の目標は集団の目標であり、彼の態度、価値、信念は集団が評価するものと同じである。成員と集団とは、同じものを表わすのである。

他方、集団について、しばしば、「私にはわからない」、「何の役に立つのか」、「それがどうしたというのか」などという成員は、単に自分たちが集団または特定の集団の目標と強い同一化をもちえないことを意味するにすぎない。

集団は、成員のすべてが集団と強く同一化するとき、きわめて強い潜在力をもつものである。成員はすべて熱心に仕事に取りかかり、一生懸命努力し、仕事をなし遂げ、目標を立派に達成するのである。この種の集団こそ海軍がこれを築き上げ、持続させようとするものであることは明白である。

中心関与—周辺関与

個人の集団への方向づけのもう一つの側面は、心理的個人のどの部分が関与しているかに依存している。ある事柄は一個人にとって重要であるが、ほかの事柄はそうではない。ある事柄はその人の深い内面の動機と結びついているが、ほかの事柄はたんなる皮相的、周辺的関心事にすぎない。

個人の中心的欲求にふれる深い意味をもつ事柄は、普通、集団におけるその人間のメンバーシップに関係ある事柄である。これらの深い基本的動機を満たしてくれる集団にあっては、個人の関与はより中心的である。これらは個人がもっとも重要視する集団である。しかし、これらの重要な欲求の満足を土台としている集団もあるが、多くの集団はただ周辺的方向づけを要求しているにすぎず、比較的周辺利益の配分のみに基づいているにすぎない。

一般的にいえば、集団が中心的欲求を満足させることが多ければ多いほど、個人の集団との一体感がより完全になりうるのである。個人の家族、職業または専門の仕事もその人間の中心的欲求を満たす傾向があり、これらはすべて一次集団におけるその者のメンバーシップに関与するのである。彼の多くの時間はこれらの集団との参加に費やし、彼の生活はそれらの集団をめぐって回転する。

同様のことは、彼の社交、市民生活、スポーツまたはレクリエーションのクラブなどの周辺集団についてでは、ほとんどいうことができないだろう。

集団への参加

個人の対集団関係のもう一つの側面は、個人がどの程度に集団活動に参加するかである。ほとんどすべての集団には、集団の目標を促進させる人々もいれば、「単に帰属する」人もいる。各成員は、「最大参加」から「最小参加」までのどこかの線に位置づけられよう。

参加の量は、各成員の一体化の程度と密接な関連をもつ。「自分の集団」の場合、成員はなんらかの形で進んで参加の方途を見つける。ただ「所属する」という場合、成員は集団のためにわざわざ努力する労を煩わすことがないだろう。強制参加では仕事をなし遂げるかもしれないが、各成員による広範かつ自発的参加を可能ならしめる方途が見いだされ活用されれば、これらの参加は質、量ともさらに高い集団のアウトプットのみならず、より高い成員の一体化を保証するであろう。

リーダーへの依存

ある集団状況のもとでは、フォロワーは完全にリーダーに依存する。リーダーの行為、決定、リーダーの気まぐれでさえ、フォロワーの浮沈または成否のいかんを決定する。ほかの集団状況のもとでは、フォロワーはほとんど完全にリーダーから独立している。このような集団では、リーダーがフォロワーの気に入らないような行動をとれば、フォロアーは集団から決別する。依存度についてリーダー＝フォロアーの関係を研究するには、これらの両極間のどこかの線上に適当な位置を与えることができよう。

集団成員の欲求

集団関係の安全

人間は一般に集団的生物である。人間はほかならぬ孤立感を避けるために人々の周囲にいることを好む。他人との協働やコミュニケーションからのけ者にされ、または隔てられていると感じるとき、人間は心のバランスを失う。人は生存し、目標を達成し、欲求を満足するために、他人との有効な相互関係に依存する。集団の結成および維持において、人間は、自己の行動によって、その目標が組織的、集団的努力を通じて一番よく達成できることを認めるのである。集団活動への参加はただ特定の欲求を満足させるのに役立つばかりでなく、そのほか種々の欲求を満足させるためにも助けとなる。

しかし、単なる集団性は集団の形成を説明するのに十分ではなく、それは、多分に、「諸団《バンチズ》」を説明するものであろう。高度の報酬を与える集団は、単なる物理的近接性、すなわち他人と同じときに同じ場所で一緒にいること以上のものを意味する。個人は、集団が安定した「帰属」感を与えるとき、集団活動を選ぶのである。人間は自分と同じ身分や力量のひとしい人たちと一定の関係を保つことの安定を求め、一定の果たすべき役割を求める。個人はこうした帰属感を得るため集団に参加し、集団活動に寄与する。個人の集団における成員の地位が高いか低いかを問わず、集団において一定の定められた位置を占めることから大きな慰めが得られるように思われる。

他方、集団の役割が終止一貫せず、個人が集団の運営規則を決めかねる、ある日「入る」かと思うとあくる日「出る」、今日仲間とある種の関係をもつかと思えば明日は別の扱いを受けるというような場合には、個人は集団から追い出されるような不安感に駆られる。軍隊または強制集団では、このような不安感は士気の低下や非効率をきたし、それが昂じてついには部隊における過度の懲戒ケースや職務離脱となる。

個人は、集団がどのように運営されているか、集団の基準や目標はなにかを知ろうとし、どの程度に長く集団の成員でいられると期待できるか、どのように組織のなかで立身出世し、必要な有能な成員となれるかを知ろうとする。こうしたさまざまの事柄を知るとき、集団の生活は自分にとってよりいっそうの安定感と意義を帯びる。変革がある場合、個人の受諾し理解しかねる面があっても、一時の反抗を見せるかもしれないが、それを受け入れる傾向がある。個人の対人相互関係のたえざる移り変わりによって安定と意義を欠く場合には、集団は欲求不満の源泉となり、個人を苦しめることになるだろう。

集団内の自我の地位

個人は、同僚との構造化された、有意味な安定した関係を求めるだけでなく、自分が「ひとかどの人間」であることを求める。自分を重要であると感じ、良く言われたいと思うし、同僚の間に社会的地位を占めたいと求める。もし集団が個人に地位を約束し、重要な成員または重要な歯車における大切な歯のように思う機会を約束するとすれば、個人はおそらく集団に参加するであろう。集団がもし個人をきわめて必要でもなく、重要でもない居候として取り扱うとすれば、個人の集団から出たいという衝動はおそらく強まるであろう。

集団における個人の地位は、もっぱら、個人が集団についてどのように感じているかに依存する。

人間の集団内部における重要感、安定感を保障すると考えるのは誤りである。このような感情は、もっぱら、その個人自身がその地位を自分自身や他人と関連づけてどのように感じるかに依存する。そして、その人の感じるものは、半ば、その人みずからが成功をどう定義づけるかに依存する。集団における最高の地位がその保持者に本当に自分が重要であると感じさせたり、最低の地位の保持者がつまらぬ人間のように感じることになるとするのは、かならずしも真実ではない。成功は、常に成功者が希求するものの見地に立って半ば定義されねばならないからである。

集団による地位

個人における自我向上に対する強い心理的な欲求は異なる形で表われる。個人の自分自身の印象は、単に一定の集団の成員であるという理由で高められる。もし集団が共同社会のなかでよく思われており、排他的であり、多くのことを達成しており、非成員からも尊敬されているときは、メンバーシップのバッジを着ける個人は重要な自我欲求の満足が得られるであろう。排他的なカントリー・クラブは、メンバーに対してゴルフの遊び場所を提供する以上に多くのものを与えているのである。合衆国海軍は、世界を見る機会よりもはるかに多くのものを隊員に与えている。ある種の名誉集団は、成員の自我の向上を唯一の任務としている。

他方、集団の会員のメンバーシップが無制限である場合には、それからは自我欲求の満足はほとんど得られないであろう。会員の地位が集団の成員および非成員から重んじられないときは、集団に帰属することにほとんど何らの社会的価値または地位が付加されないであろう。

個人の個人的目標や要求は、常に念頭におかなければならない。人間が集団の成員となることに誇りを感ずるかどうかは、したがって、その人間が自分のためになにを達成しようとするのか、参加によってこれらの目標を達成することが可能であるかどうかに依存する。

満足のパターン

一般に、個人が集団に加入するのは、社会性の欲求や同僚との安定した関係に対する欲求、自我の地位に対する欲求、そのほか種々の欲求が満たされる場合であると想定される。個人が特定の集団に加入するかどうかは、集団がなにを約束するかに依存する。ある集団は、金銭的利点以外にはほとんどなにも約束しないかもしれない。ほかの集団は、満足すべき人々との社交関係を提供するだけかもしれない。もう一つの集団は、ほんの少しの名誉や栄光を与えるにすぎないかもしれない。さらに別の集団は、これらのすべての満足をある程度ずつ与えるかもしれない。

つまり、個人の集団加入の動機には、さまざまなパターンがあるということである。全体のパターンは、個人の参加する各集団ごとに異なることになろう。

集団参加からの報酬

集団のメンバーシップは、報いられるものでなければならない。集団は報酬を与えるものでなければならない。集団との強い積極的な一体化を持続する者は、支払い《ペイオフ》という見地から具体的に考えていないかもしれない。しかし、成員が、集団における自己のメンバーシップがなんらの報酬を与えないと感じるとき、そのメンバーシップは魅力のないものとなり、個人は成員でなくなる。

報酬には多くの種類があり、その程度もさまざまである。それは金銭よりもはるかに多くのものを意味する。多くの個人は、個人的満足のために必要な要件について、ほかの要因を金銭の上位においている。このことは、たとえば、「軍隊では金持ちになれぬ」という一般の言いならわしにもうかがえるのである。

報酬は、個人にとって重要な現実的なもの、または無形のものによって表わされる多くの心理的満足を意味する。一人の人間にとっての報酬は、ほかの人間にとって取るに足らぬものとみなされるかもしれない。これは心理的な見返りなのである。それは、個人が充実感をいだくことができるような要因から構成される。すなわち、個人の欲求は満たされ、その目標が集団との参加を通して達成されるのが見えるのである。

個人が自己を集団に投資するとき、その参加に対する報酬または心理的な見返りは、投資と同等またはそれより大きいものでなければならない。この報酬の決定は、人間が自分のためになす個人的評価である。報酬または心理的な見返りが終始一貫して不十分と感じ始めるとき、「これは自分のためにならぬ」というように集団を評価し始める。多とすべき報酬を、自己の参加に「値しないもの」と評価し始めるのである。ここにおいて、集団はおそらく一人の成員とその組織に対する潜在的貢献を失ってしまっているだろう。

このようにして、組織が提供しうるもので、個々の成員が自分の参加が価値あるものと感じることができるようなものは、それが何であっても、個人と集団との関係を強固ならしめるものである。

士気と集団の機能

高い士気《モラル》は、潜在力のある集団の成員が集団の目標へ極性化し、成功を期待してその目標へ前進しつつあるとき、起こるのである。しかし、個々の成員にとって厳密に重要でない集団の目標に対しては、集団の熱烈な努力を向けられるものではない。個人または集団のいずれか一方の士気は、個人または集団の目標と関連せしめなければならない。もっとも熱狂的な集団は、成功を待望しつつある集団である。そして、このことは集団が自分のために定める成功を意味し、ある外部の筋から解釈されたものをいうのではない。

最大かつ熱狂的な努力は、成功と失敗の可能性が相応にわかるように目標が定義される場合に、もたらされるように思われる。目標が高すぎて達成できないことが明白である場合には、失敗が予想されるのが当然であって、集団の成員は、死活の問題である場合を除くほかは、一生懸命仕事をしないものである。他方、集団の目標が低すぎるときは、なんらの挑戦も存在しないのであって、集団は自信過剰と退屈に陥りやすいのである。

職場士気や、効果的集団における個人および個人の自発的参加についての討議の多くは、集団リーダーシップをめぐるものである。

「どうしてそうなのか。このことは一体リーダーシップとどんな関係をもつのか」と問うかもしれない。

一般的に、リーダーシップは、リーダーが種々のリーダーシップの役割におかれた場合に、リーダーの示す行動であると言いえるのである。

リーダーとなるには、何が必要であるのだろうか。何がリーダーたらしめるのだろうか。

このような問題については、多くの書物が書かれたが、一番重要な考察事項である「フォロワー」に対しては、ほとんどなんらの注意も払われてこなかったのである。

このような言い方は、けっして極端ではない。人は書物でいわれているようなリーダーシップの素質を備えていても、彼にフォロワーがなく、彼の行動が他者からリーダーシップと呼ばれるに足るリーダーシップの役割におかれないとすれば、その人はリーダーと見なされないであろう。

どのように説明されまたは定義されようとも、リーダーシップは行動である。リーダーシップとして認められるには、この行動は、ほかの人たちとの人間相互の関係について、社会的に伝達されなければならない。このようにして、リーダーシップとして呼ばれる行動は、時間、場所、人間について、相対的かつ状況的なものである。なぜならば、リーダーシップとして分類あるいは呼称されるものは、リーダーが行なうすべてのものではないからである。

他人の活動の方向づけに役だち、かつ成功を収める行動を示す社会的状況のもとでは、この人間はリーダーシップを発揮しているといわれ、リーダーと呼ばれる。このリーダーといわゆる「フォロワー」との間の相互作用においては、多くの明瞭な、有意味な関係が見られよう。これらの関係の一部は、特定個人が関与するという理由によって、その集団に固有のものであるとはいえ、多くの反応は一般集団に共通のものである。

他者が良いリーダーシップと認めかつそのように呼ぶ行動を示す個人は、人間性に関する自分自身の態度および価値観、すなわち人はどのようにすれば一番よく仕事をするために協働するのかについての自分の理念に依存するところが大きいのである。自分の集団を動かし、仕事をなし遂げるため、自分自身のなかに、自分の知識や経験のなかに、自分の仕事の仕方のなかにもっているすべてのものを活用するのである。何をなそうとも、どのようになそうとも、集団目標の達成に向かって有効に協働するフォロワーをもつとき、その人は、定義によれば、その状況下のリーダーである。

他方、自身の「リーダーシップの戦術」から、個人および集団の性質についての妥当な評価と知識と理解を省く個人――そのような人は通常リーダーシップの役割を果たすものではない。人々はその人のフォロワーとなり、リーダーシップの地位を与えることをためらうのである。

軍のリーダーシップは挑戦的な課題である。リーダーは、個人の欲求を満たす手段として、自己の部隊の公的目標を売り込むとともに、自分自身の指令系統の職責を履行しなければならない。これは容易な任務ではない。しかし、海軍士官が部下の評価と当面の欲求の診断に鋭敏であるなら、リーダーとしての全体的有効性が増大するであろうことは、賭けてもよいであろう。

要　約

リーダーシップの評価にあたっての重要な要因は、リーダーが何をなすかということである。リーダーの行動は、成功をかちえるのに望ましいように集団に影響を与えることもできる。この場合、リーダーはよいリーダーシップを示すといわれる。逆に、その行動が望ましくないように集団に影響を与え、集団が成功を収められないとき、これはまずいリーダーシップであるといわれる。

また、リーダーシップは状況的である。一つの集団状況のもとでリーダーである個人は、ほかの集団状況のもとでリーダーでありえない。一つの状況のもとでよいリーダーである人間は、ほかの状況下ではきわめてまずいリーダーでもありえる。

リーダーシップとは、行動――すなわち、リーダーがなすことなのである。

集団の有効性は、主にその潜在力および極性化の見地に立って見られる。有効性を創りだそうとするリーダーは、個々の成員の同一化を増進させることによって、集団の潜在力の強化をはかる。

リーダーは、次の点について、集団が成員に心理的な見返りを払うよう配慮することによって前記のことをなしえるのである。

(a) 集団における安定した満足すべき社会的関係
(b) 集団内部における身分感情
(c) 集団のメンバーシップによる地位感情
(d) 現時点で重要かつ多様な個人的欲求の充足

リーダーは、自己の集団を極性化するため実践的な事柄を行ないうる。リーダーは、目標を有意義なもの、具体的なもの、即時的なものたらしめることを助成することができる。リーダーは、目標への進歩感および成功の期待をつくり出すことを助成できる。リーダーは、自己の集団が出会うさまざまの状況のさまざまの要請に応じて、自分自身の行動を調整することができる。

よいリーダーは、豊かな多様性に富む社会的技能——すなわち、個人および集団を診断し、それから成果をあげられるように、かれらに反応を示すことができる技能をもつ人間である。

次の諸章では、「海軍リーダーシップの実践」の要件について、いっそう詳細に検討することにする。

第Ⅱ部

実践編

第5章　道義的リーダーシップ

道義的リーダーシップとは何か

アメリカの世界におけるもっとも重要な役割は、国家として成立して以来、道義的リーダーシップの役割であった。アメリカの若者に他人に対する責任、神や世界中の人々に対する責任を考えるように教えよ。自分自身を考え、世界を圧制の暗黒から導き出すにあたっての自分たちの立場を考えるように教えよ。生きていくためにだれもわれわれの援助を受けていないが、われわれはいろいろな人の世話を受けていることを考えるよう教えよ。自由という貴重な財産を考え、それを世代の交代にしたがって新たなものにしていかなければならないことを教えよ。そして、アメリカ合衆国を信頼することを教えよ。世界の希望は、これまで、われわれの物理的力、強い道義心、誠実および歴史が明らかにわれわれに負わせようとしている責任を受け入れようとする意思に関してであった。

この引用文は、もしアメリカが世界の新たな地位に挑戦することにでもなれば、アメリカ海軍の将兵、いな、すべての合衆国市民によって達成されなければならない基準を示している。

合衆国は、いまや成熟期にはいり、自由世界のリーダーの地位を継承している。とはいえ、国民はこの地位にともなう責任に対してまだ完全には順応していないし、多くはこの責任をないがしろにしようとしたり、他人に転嫁しようとしている。自由を擁護し、みずからと国民のために自由を獲得ないし取り戻そうとしている世界中の人々を支援する、という道義的義務が、合衆国国民には課されているのである。こうした支援はさまざまな形式をとっているが、いずれもそれなりの犠牲をともなっている。食糧の供給、武器や装備、また軍隊を提供しなければならないときもある。これらはすべて、アメリカの生活水準の上昇による余剰のエネルギーと金銭を転用したものである。これこそ、アメリカ人が同胞に対する義務を行使するという、いわば特権に対する代償なのである。生活水準の安定化はおそらくそれ自体、何らかの代償であろう。なぜならば、歴史の示すところによれば、国民の生活が楽になりすぎると、つまり生活水準が高くなりすぎると、文明は衰退を始めるからである。

アメリカの若者は、アメリカのこれまでのリーダーの指導力であった高い道義的価値を受け入れるように教育されねばならない。若者は、神、国家、同胞および世界に対する自己の責任を考えなければならない。物的財貨のみを欲するのではなく、奉仕の生活、少なくとも自分の信じるものへの奉仕のために生活の一部を捧げることを理想にするよう教育されねばならない。

若者は、国家および政治形態によって与えられている自由の価値を教えられなければならない。自由をただ享受するだけでなく、自由および民主的理念を脅かす勢力と戦うことによって、みずからの力で自由を勝ち取らなければならない。アメリカ国民は、自分たちの前を歩み、自由と民主主義という技術発展を可能にした政治的風土を築きあげた多くの先人に恩義を感じている。また、豊富な天然資源のおかげで、正義と自由の擁護のために合衆国は圧倒的勢力を結集できるので、それを与えられた神に感謝の念を捧げている。こうした恩義に対して、天与の恵みにともなう責任を受け入れることで報いているのである。アメリカの選択は、世界における正義の味方になること以外にない。アメリカ国民は、名誉や誠実や忠誠などは売買されるものではなく、実際、生命そのものより価値あるものだ、という考え方をとっている。これなくしては何もありえず、国家はローマ帝国さながらに、誇大主義を歴史に残して滅亡するばかりである。

合衆国海軍は、合衆国が世界の指導的地位にある国家として、成功するのに必要な高い道義的基準と理念を兵員に堅持させるような教育にさらに熱心になるという挑戦を受けて立たなければならない。海軍が国家に対する義務を履行しようとすれば、道義的責任やリーダーシップの導入をたえず強調しなければならない。海軍部隊において実践、教育されるリーダーシップは、常に道義的基礎づけがなされていなければならず、そうでなければ存続しないであろう。

海軍のリーダーは、部下に高い道義的基準を涵養する責任を痛感しなければならない。ここでいう「道義的《モラル》」という言葉は、通常想起されるものよりもはるかに多くのこと、正直、誠実、国家への奉仕、いかなる敵からも国家および理念を防衛しようとする義務と責任などが含まれる。また、軍人が、監督されているかどうかを問わず、割り当てられたいっさいの任務に最大限の能力を発揮する義務も含まれる。

入隊する若者は、まさに人生の形成期にある。生まれて初めて、親元を離れた者も多い。立派に成長した人格の持ち主もいれば、これからの人もいる。こうした若者の生活を委ねられたリーダーの義務は、全員に一様に高い道義的基準を育成陶冶することである。自己の指揮する部隊に積極的な規律を確立するには、海軍のリーダーは道義的リーダーシップを発揮し、なによりも人格を垂範しなければならない。

バーク海軍大将は、「海軍のリーダーシップの実践」と題する論文のなかで、こうした概念を次のように述べている。

「リーダーシップ」という言葉は、通常、徳の高い立派な人、仁義を重んじる人に関係している。リーダーシップに関するほとんどの論文、とくにここ数年のものは、「誠実」、「変わらぬ忠誠心」、「理解力」、「正直」、「信念」および「高遠な主義」などの言葉を強調している。つまりこうした特性はすべて、人間の「善性」を背景としているのである。

バーク大将は、さらに続けて、世界中のすべての成功したリーダーが、この種の高い道義的属性の持ち主ではないとしながらも、リーダーが現在の民主主義の政治体制のもとでそれなりの教育を受けた部下に対して立派に職責をまっとうしうるには、アメリカの海軍士官には、この種の属性が必要不可欠なものであると指摘している。

したがって、道義的リーダーシップは、二つの実践的側面に展開される。その第一は、リーダーが自己を誠実にするのに必要な高い基準の徳性を伸ばすことであり、第二は、リーダーがこれまでに述べた道義的価値観を部下に対して、率先垂範によって、さらに直接的には、個人面接、組織的集団教育、討論などを通じて、分け与えることである。

道義的リーダーシップおよび教育の背景と使命

道義的リーダーシップの概念は新しいものではない。それは、アメリカ海軍軍紀が初めて公布されて以来今日にいたるまで、海軍および海兵隊のリーダーによって実践、教育されてきたのである。部下乗組員に対する責任は、伝統的に指揮官が負っている。一七七五年に記された北アメリカ連合植民地海軍軍紀に関する規則第一条は、次のように規定している。

> 連合植民地一三州に属するすべての艦船の指揮官（艦長）は、常に厳にして、部下将兵に名誉と徳性のよき範を垂れ、部下将兵の行動には細心の注意を払い、放埓、不道徳、秩序破壊等の慣行、ならびに規律と服従の規則に反する慣行を許さず、規則違反者を海軍の慣例にしたがって矯正しなければならない。

この規則を合衆国海軍軍紀第〇七〇二A条（一九四八年）と比較すると、類似点がまことに顕著である。

道義的基準擁護に対する責任は、国防長官が一九五一年に軍の各省に送付した次の覚書（一部引用）で再び強調されたのである。

> 軍隊に勤務する個人の自己の宗教的信条と合致する道義的、精神的、宗教的価値の実現と啓発が保護されることは、国家にとっても有益である。このため、各級指揮官には、部下の健康、道徳および精神的価値を増進するような条件や影響力を最高度に開発する任務がある。
>
> この伝統的な指揮官の責任は、議会が軍隊の募兵の基盤を広げようとしている現在、とくに重要である。

この覚書は、「海軍将兵の道徳的、精神的、宗教的生活を、あらゆる手段により強化するために」

海軍のすべての指揮官への指令によって施行された。

付与された使命を達成する責任

今述べた指令は、軍隊が合衆国国民に対して、軍務についている間の軍人の行動や人格について責任を負うことを認めている。この付与された使命を達成する責任は、指揮系統のすべての士官および兵曹長にある。この責任は、従軍牧師、法務士官、人事担当士官、情報教育士官に委譲できないもので、指揮機能である。このプログラムが焦点とする初級士官は、もっと具体的には分隊長である。初級士官はこの責任を認識し受け入れなければ、努力は水泡に帰すのである。初級士官は、各司令部がそれぞれ異なった方法で道義的リーダーシップにアプローチしていることに気づくであろう。使命達成のためきわめて広範な組織を設けている司令部もあれば、一方では、きわめて簡素な組織編成で遂行しているところもあるからである。いかなる場合においても、分隊士官や兵曹が効率的に一丸となって組織内で機能できないのであれば、そこには、力強い人格や立派なリーダーシップや崇高な理想を実際に増進するプログラムへの部隊全員の自発的参加はなく、机上だけで使命達成しようとする空虚な残骸しか残らない。

分隊長には、海軍軍紀によって、部下の能力や欲求をたえず把握し、能率、福祉、士気の増進のために、自己の権限の範囲に属する措置をとらねばならない責任が課されている。この責任が達成されれば、道義的基準擁護の責任を遂行する上級部隊指揮官の遭遇する諸問題は比較的楽なものとなろう。

リーダーシップは、海軍士官にとって専門職務であり、多くの面から構成される。しかし、リーダーシップの哲学は、いずれか一つの側面に拘束されてはならない。指揮のリーダーシップが、人格、道徳および道義的行為の強力かつダイナミックな規約に基づかなくとも有効に存在しうるというのは、道義的リーダーシップが指揮のリーダーシップと分離した別個のものだというのと同様に間違っている。道義的リーダーシップは、積極的な規律の指揮概念、軍事裁判の進んだ管理、指揮の日常機能における組織管理の健全な実践に裏づけされないかぎり、実効はない。

現実には、指揮のリーダーシップを二つの別個の側面、すなわち軍事的リーダーシップと道義的リーダーシップに分離しようとする試みは、航空母艦から主要武器である航空機を分離するのと同じことである。いずれにしても、一方は他方なしに使命を達成できない。指揮のリーダーシップはすべてのラインの士官および下士官の責任である。各士官は、確固たる道義性に基づいて人格を築かないかぎり、部下の心からの協力、服従、尊敬をかちえ、自己の軍事的リーダーシップの責任を遂行することはできない。そうした道義性は、士官個人の人格からの誠実、名誉ならびに国家、基本法規、諸制度に対する忠誠、みずからが構成している海軍に対する忠誠、上司、同僚、自己に対する忠誠、指揮を下命された部下に対する忠誠のうえに、築かれなければならない。

海軍のリーダーシップを道義的リーダーシップと軍事的リーダーシップという別個の構成要素に分離しようとする試みは、指揮という主要な責任のあるラインの士官にとって、大きな問題を提起しよう。このような概念は、ラインの士官が部下を道義的に指導する責任が従軍牧師に移り、軍事的リーダーシップについてのライン士官の第一義的責任は緊張の一瞬だけにやってくるにすぎないことを意味することになる。こうした考え方ほど、現実離れしているものはあるまい。ラインの士官は、リーダーシップの責任を放棄したり、専門家に委任したりすることはできない。リーダーシップの責任は、指揮の責任と同意義である。これらの責任は、ラインの士官としての付託事項に本質的に含まれているものであり、この責任を受け入れなければ、みずからの信頼を裏切ることになるのである。

第6章　海軍士官の役割

リーダーシップの作用を探求するにあたって、これまで海軍兵学校の生徒に対して海軍のリーダーシップの基礎概念を与え、心理学の基礎原理についても若干の紹介をしてきた。引き続いて、リーダーの人格的特徴そのほかの海軍のリーダーシップの実践の側面を検討する前に、生徒は海軍士官としての自己の将来を眺めておく必要があろう。

海軍士官の役割は何であろうか。海軍士官のキャリアは軍属のキャリアと基本的に異なるのであろうか。海軍のリーダーに課せられた要件は何か、また海軍を過去において偉大にし、近代科学技術の影響のきびしい試練に耐えさせてきたものは何か。

プラット大将は、次に掲げる引用文で、海軍士官の活動の舞台を設定している。

生粋の海軍士官の直面する最大の問題は、リーダーシップである。しかしながら、この人間の生活におけるもっとも重要な要素は、しばしば、はびこる雑草に取り巻かれた一輪の花のように、その成育が放任されている。そこで、多くの人は、海軍生活の平均的コースを踏んで行けば、やがて経験によって偉大なリーダーの性質が与えられ、機会によって高い司令官の報酬が与えられると考えている。

健全なリーダーシップへの成長が終生の仕事だと認識している人はきわめて少ない。大志のみではリーダーシップは得られないし、かりに大志のみがそれを達成する人間の唯一の資格要件だとすれば、人間は実際きびしい試練のときに頼りがたい哀れな輩である。リーダーシップを得る道は、長い困難な旅路である。それは人間の人格、思想、目的および生活態度のすべてを直接視野のなかに把握するものである。それには、政治家の知恵と判断、戦略家および戦術家の鋭い知覚、航海員の執行能力が必要であるが、とりわけそれには、正真正銘の人格と偉大な人間の理解および共感とが必要であろう。(1)

海軍は生き方である

海軍は単なる職業《ビジネス》、専門職または実業以上のものであり、それは生き方《ウエイ・オブ・ライフ》である。海軍は、海軍部隊の構成員が、来る月も来る月も、毎日二四時間の勤務状態にあることを認めている。もっとも、休暇を許可された場合は例外であるが、その場合でも、いつでも集合には服さなければならない。海軍は多くのものを要求するが、しかし多くのものをも与えるのである。賢明なリーダーは、部下が海軍に対して最大の寄与をなすだけではなく、海軍から受ける権利を有するすべてのものを与えるように、適当な手段を講じて確保するものである。給付、権利、特権、そのほかの部下のための機会などの事項について、たえず時世に遅れぬように配慮するのがリーダーの義務である。

カーニー大将は、海軍作戦部長として在職中に、海軍および海軍将兵の役割について、次のように述べている。

海軍は素晴らしく統合された複雑な人間組織であり、偉大な国家資産である。それは、実際には若い時代に選抜された青年に対して、歴史と経験が実証した立派な海員たらしめる精神と人格を授けようとする教育および思想導入の組織に立脚している。むろん、海軍軍人がまず涵養しなければならぬことは、人格の潜在力である。海軍軍人は、言葉のもっともよい意味での奉仕の概念を理解するように教育され、基礎的キャリア開発を進める前に、健全な理念と確信を注入されねばならない。

海軍は、人間を訓練するための機構である。その終極の目的は、戦闘作戦のため、艦隊部隊の準備態勢を整えることである。その当然の帰結として、海軍軍人は一戦闘の重圧のもとに、規律ある断固とした、成功をもたらす仕事をするように訓練されねばならない。このことは、研究と実践と体験を通じて知識を取得し、その知識を巧みに他人に与える高度のリーダーシップを要求する。他人の信頼と自主的服従を得るように鼓吹《インスパイア》するようなリーダーシップ、荒い声が聞かれるのが原則ではなく、例外であるような確固たる正義の礎石のうえに築かれたリーダーシップ、みずからが励行する掟にしたがって生活するリーダーシップを要求するのである。

今日の人間は、科学技術の進歩がすべての活動の結果に驚異的な影響を与える、人間生活の空前の技術革新の局面を経過しつつある。海軍軍人は、思考と理念をハードウエアへ伝えることを理解できる実践的人間でなければならないし、国家的資源の基本的重要性、技術的設計の複雑性、工業生産の実態を理解しなければならない。海軍の人々は、チームワークが成功の鍵であることを理解しなければならない。また科学者、技術者、実業家および創造的貢献者と十分に提携しなければいけない。

大空ですべての来襲者に対処したり、航空母艦の甲板の上のわずか二、三〇〇フィートの空間内で離着陸したりする航空機を夢見たのは、この種の人々である。海軍が潜水艦をより正確に探知する緊急要求の解決を助け、その探知をするために、創意に富む産業界が製造した複雑な電子装置を採用したのは、この種の人々であった。

この種の人々の助力によって、予想以上の性能を出している新しいアメリカ原子力潜水艦第一号ノーチラスがもたらされたのである。

多年にわたる進化的変革において、アメリカ海軍は、アメリカにおけるもっとも立派な制度の一つである海軍予備役を生みだした訓練制度を展開した一団の人々を誕生せしめた。この海軍予備役は、通常の民間人の地位に加えて、新たに海軍軍人としての二重の資格を自主的に受諾した民間人であり、高度の訓練を受け、熱心で頼もしく、通知があり次第、直ちに艦隊兵力の増強に役だつ民間人である。

士官が十分な海軍のキャリアをもつためには、なによりもまず、単なる海軍士官ではなくて立派な海軍士官となるように政府から、そしてまた、上司、同僚、部下から寄せられた特別の信頼に値する士官となるように心から願わなければならない。こうした軍隊のキャリアに対する動機づけは、専門的に自己改善のために努力する人と、よりよい仕事や職場を見つけるまでの「時を稼いでいる」にすぎない人との相異をきたすのである。

今や、海軍士官が果たすべく要求される職責は、以前にも増してさまざまな性質を帯びており、かつ、複雑なものが多いのである。初めのころ、若い士官はいくつかの部門で経験を与えられることになるだろう。航空士か潜水艦乗組員か、あるいは、その双方になるかもしれないし、ある高度の技術分野を専門とするかもしれない。その努力の分野が何であれ、二、三年ごとに、あるいはもっと頻繁に、一つの職位からほかの職位へと移るのである。数多くの新しい、挑戦的な事態に対処しなければならない。もし海軍に永年とどまるとすれば、三〇年の体験が確保されようが、それは、一年の経験を三〇倍にしたものではない。両者の間には著しい相異があるわけである。今日の海軍士官は激動しつつある環境に適応することが可能でなければならない。将来についてどのような予見をしようとも、精神の柔軟性が重要な要件と思われる。

威信

だれしも、一流のチームでプレーし、もっともすぐれた人のために働き、自分の部隊が精鋭部隊であると感じることを好むものだ。連勝無敗の印象的な記録を背景にもつリーダーは、やがて勝者の名声を博し、信望をえる。アメリカ海軍は、戦勝の歴史と伝統をもち、海軍士官の威信のそもそもの背景を与えている。聡明な士官は、非軍事的機関とくらべるとはるかに大きな権限を自分の言行に加えるその威信を利用することができる。

海軍の制服、階級章、勲章、従軍リボン章、航空団の翼章、潜水艦のいるか章——これらはすべて信望のしるしである。これらの記章や勲章は、着用者に帰する信望のためばかりでなく、自分の部下に対し間接に反映される信望のために、誇りをもって着用すべきである。

海軍がはるかに小規模であった頃には、士官の「軍務名誉《サービス・リピュテーション》」はあまねく知れ渡っており、その人物評価の重要な要因をなしていた。それは今日でもなお大切であるが、近代海軍の規模が大きいため、「軍務名誉」を築きあげることが、よりいっそう難しくなった。したがって、海軍士官が他人に与える第一の印象が好ましいものであり、現地における「軍務名誉」や威信と同等のものを速やかにうち立てることが望まれる。

下記の文は、アメリカ海軍兵学校において発行した特別命令から引用したものであり、こうした海軍士官の役割の側面をもっとも適切に規定している。

軍務名誉

立派な軍務名誉は、すべて海軍士官にとって深い人格的な誇りとなるものである。それは、積極的人格、道義的誠実および個人の軍隊に対する潜在的価値のうえに立脚している。攻撃的リーダーシップ、信頼性、イニシアチブ、忠誠心および権限体制に対する服従心など、これらは徳性を磨き、適性評価や軍務名誉に寄与するものの本質である。それは、本質的には、ここ海軍兵学校において日常生活様式の副産物として陶冶される人格の属性であり、直接的に、態度、義務遂行、軍隊的挙動や軍務を望む心に反映されている。これらの特性は、攻撃的な不退転のリーダーシップにきわめて不可欠のものであって、士官の若い生徒に、その特性の陶冶に最大の注意を払う必要があることは、いくら強調してもしすぎることはないだろう。あなたの人格は、あなたがもっとも厳重に守らなければならぬ財産である。

「軍務名誉」に内在する人格や能力の要素は、歳月によって変わるものではない。三七年前に発行された特別命令において、海軍兵学校校長たるヘンリー・B・ウイルソン大将は、「軍務名誉」を次のとおり定義したのである。

一　士官の「軍務名誉」とは、士官が同僚将校の間に有する人格および識見の優、良、可の評判をいう。

二　「軍務名誉」は漸進的な発展をたどる。若い士官の人格識見は、少数者にのみよく知られているうちに、その仕事が増えるにつれ、部隊全部に広がり、やがて海軍少佐または中佐に進級する頃には、士官の能力は過半数の士官によく知られるのである。こうした同僚による承認、または不承認の非公式的な烙印は、しばしば重要な職務への補職、善かれ悪しかれ昇進への影響、また評判がよい場合、故意ではない過失の処罰の軽減、などに際して決定的な要因となる。重要な任務に対する選考の一番たしかな保証は、先任士官が被選考士官が成功に必要な特性をもっていることを知っていることなのである。

ある不注意な違反に対する重い処罰のもっとも確実な修正は、その職務違反は故意よりもむしろ過失によるものという心証を担当先任士官から獲得するに足る立派な名誉である。

三　士官の軍務知識の能力は、その全部が公式記録に依存するものではないが、公式記録からの反映である。

人員の変動

もっぱら人事担当関係のリーダーとして、海軍士官は、人員変動によって深刻な影響を受ける。海軍はアコーデオンのように出たり入ったりするといわれる。平時に、アメリカが戦時レベルの軍隊を維持するための人員、金、装備を提供できないことは明らかである。そこで、最善の策は、各三軍の高度に訓練された献身的な幹部要員に対し、初期のニーズを満たすための一定量の装備を提供することである。追加人員は、予備役の徴募動員によって確保されよう。

たとえば、第二次世界大戦の直前までは、海軍は二万の海兵隊を含めて、約一六万の将兵から構成されていた。他方、第二次世界大戦の最盛時には、六〇万人の海兵隊を含めて、三三〇万人の将兵から成り、終戦後は、五万の海兵隊を含めて、五〇万の人員に削減された。

戦前、約四八パーセントの海軍士官は海軍兵学校卒であったが、戦時のピーク時には海軍兵学校卒は五パーセント未満であった。さらに付言したいのは、これらの要因は、産業界はもとより、ほかの三軍と競争して獲得しなければならなかったことである。

さらに姿を複雑化ならしめたのは、すでに就航中の艦船から、学校や新建造艦へ、海から陸へ、陸から海へ、病院へ、そして墓地へと実に千差万別の人員の配置替えであった。その統計数字や膨大な人員の急増およびこの移動にともなうすべての人事関係の問題を考え、しかも一方で、海軍が決然として仮借なき敵と取り組んでいることを考えるならば、アメリカ海軍のリーダーシップに課せられた重荷について、多少理解することができよう。そのうえ、これらの統計は、リーダーシップのほかの面、すなわち教育能力と訓練能力の重要性をとくに強調している。

万が一、次の戦争が起こるとすれば、それは第二次大戦のように長びく戦いであるか、さもなければ、短期破壊戦である。いずれの場合でも、リーダーシップの多くの問題は依然として同じであり、種類の違いというよりも、程度や強度の相違があるだけである。長期戦では、海軍の重要な人事問題は人員の拡充をはかることにもあるが、短期の総力戦では、主要な問題は破壊的攻撃によって被った損失を補充することにある。一方、効果的かつダイナミックな平時海軍を維持するという問題は、たえず艦隊を作戦的に訓練し、戦闘態勢を準備することによって、依然としてわれわれの手中にある。

誰を指導するのか

効果的な海軍のリーダーシップにとって、不可欠な人格的特性のリストを作成する前に、被指導対象者の人格および特性を検討する必要があろう。リチャード・H・バウアーズ海軍中佐は、その著書『二〇世紀中期における海軍のリーダーシップ』において、近代水兵のあるべき姿を呈示するとともに、効果的なリーダーシップを行なうにあたって海軍士官の当面する若干の問題を提起している。

まず第一に、わが海軍要員の一般下士兵すなわち今日の格付けされない水兵は、往年の水兵よりもより教育があるし、より知性がある。これまで、頭脳を使うように教育を受けてきているから、膨大な実際的知識を同化することができる。すべての電子理論の微細な点を十分理解できないかもしれないが、複雑なレーダーの故障を熟練をもって診断することを体得できるのである。近代艦船に搭載されたある種の複雑な機械を操作する点では、メカニカル・エンジニアでも水兵の器用さと比較にならないだろう。それゆえに、水兵を指導する努力は、水兵の理解の早い天性の知能について理解することであり、知能などはほとんどもっていないのだと、猜疑心をもって見下すことではない。

第二に、現代の水兵は、その父祖とくらべてはるかに洗練されており、世界最強の民主国家の一市民として、自分の個人的重要性を痛感している。自己の権利を知り、きわめて初期の訓練によって強い平等観を植えつけられている。率直に聞きたがる性質であり、自分から要求される義務を裏づける論理が明快でないときには不安になる。したがって、不合理な要求や、なんらの実際的価値がないのに今なお規程に残る古くさい規則に反応を示そうとしない。

さらに、今日の水兵は、なまぬるい冷戦期――平和と総力戦の間のたそがれ地帯にあってもっとも大きな規律と士気の問題を提起している――に勤務している。われわれは、全力の生きるか死ぬかの総力戦という結束的な刺激剤なしに、動員の憂き目をみている。似非平和の共同社会のなかに巨大な人間の集結所をもっている。われわれは、戦争の勝利や敗北の日々のニュースによってその必要をはっきりと強調されることなしに、大量の男子を家庭から根こそぎ引き抜いている。このような事態は、明らかに、わが徴兵適齢期の軍人の人生観のなかに反映されている。いまの軍人は、自分の本分をつくす意思があり、いな、熱心さがあるが、その過程において不経済な運動の喪失を欲しないのである。両親は政治における浪費の排除を主張するに敏な市民である。親の意向を反映して、軍人も自分自身の時間やエネルギーの合目的な活用を期待できるのは正当だと考える。総じて、さらに、生活の手段として海軍に依存しない。民間の就職の機会が充満しており、このことを知ることによって、彼の生来の独立心が強化されるのである。

だが、そのように世慣れているにもかかわらず、同僚と一緒にわが海軍のマンパワーの大部分をなすこの一八、九歳の軍人は、まだ若者なのだ。彼がわれわれ大人とともに第二次大戦を体験していないことを想起するには、追憶の糸を繰らねばなるまい。彼のミッドウェイや硫黄島は、木製の銃や声色の大砲を使って、校庭や牧場や空地で戦われたのである。マッカーサーが日本の降伏文書に署名したとき、彼はちょうど青年期にさしかかっていた。そして、いまや、彼はまだ青年であるが、父母の膝下から、かつ、家庭やコミュニティの影響領域から突如として連れてこられたのである（これを書いたのが、一九五三年であるが、事情は大して変わっていない）。

彼の個人的訓練はまだ不完全である。彼が民間生活に戻った場合、自分の社会に対する潜在的有用性を十分に実現しようとすれば、人格形成や海軍の訓練はすみやかに進められねばならない。海軍は、この青年を部隊に受け入れるとき、深い責任を負うことを認識する必要がある。彼のリーダーたちは、彼の精神陶冶の方法を誤まらしめたり、または、不注意によって、その進歩を阻止してはいけない。それどころかリーダーは、その精神陶冶が活力ある正常な成熟へ向かってたえざる進歩を続けるように注意を払う義務を負うのである。それは、一般に国民の教育者に付与されたと認められる信託になぞらえることのできる信頼である。

海軍下士兵のうち、水兵以外のランクの多くは、いうまでもなく兵曹である。兵曹の仲間の大部分は、第二次世界大戦に従軍した古参者である。その一部は、戦争が済んだときちょうど新兵訓練を受けていた。しかしその大部分は、人命の大損耗戦によって深い印象を受けるだけの年令――将来に世界大戦が起これば、そこに彼らを待ちうけているのが何であるかを十分自覚しうるだけの年令――であった。そうした不測事態は、年功の兵曹長を不安ならしめるよりも、むしろ戦時の社会的狂乱から遠ざからしめて、堅実な生活を送らせるようだ。兵曹は、概して数十の異なる専門職種のいずれか一つの熟練技能工であり、何不自由なく海軍で専門職業を形成している既婚者で、大体三〇年ほどの勤続後、上等兵曹として停年退職を希望している者である。かつて波止場のキャバレーを震えあがらせた命知らずの水兵は、ほとんど姿を消している。わずかの手に負えない水兵がいまもなお過ぎし日の冒険に負けじと競おうとしているが、それも少数にすぎず、一つの集団として、大きな管理上の問題点となるにはいたっていない。安定した多数の代表的成員は、自尊心と責任のある者で、真面目に生きている。上陸して、私服に着がえ、妻子とだんらんのとき、隣りに住む航空機工員や次の横町のテレビ修理工や向かいの大工と同様に、社会の一員なのだ。こうした人をどなりつけたり、勝手に取り扱ったりすべきではない。彼は初級のチームメートの役割に敏感に反応し、かつ、勤勉であるが、彼の民間生活における対等の地位にいる人たちと同じ程度に、高圧的な態度に寛容ではない。彼と士官との関係を彼の曽祖父の時代の関係と対比するとき、その全差異を概括すれば、二〇世紀中期の士官は上司たる上級者であって、もはや「優越者」ではなく、二〇世紀中期の応募兵は「部下たる下級者」であるが、劣等者ではない、といえるだろう。

次に、水兵も兵曹もおしなべて、分別に基づいて旅に立つ用意があり、避けられぬ不自由と不便を甘受する意思があるけれども、本質的に独裁的な軍人社会、専制的な編成組織の内部でさえ抵抗する代表的なアメリカ人であると認められる。これらの人たちは、あまりにも経験に富んでいるので、盲目的に追随しない。あまりに主体性があるのでほかから駆使されない。彼らをどのようにして啓発しながら、集団的効果をあげるように指導すべきであろうか(2)。

この最後の質問は、解答に値するだけではなく、解答されねばならない。なぜならば、それは海軍のリーダーシップの全問題に対する鍵だからである。これこそ、海軍士官のリーダーシップの役割の本質なのである。

海軍の慣習、慣行、儀式および伝統(3)

航海を業とする者の信仰、信条、ならわしは、陸上勤務者にははっきりと想像され、または理解されないものだ、としばしばいわれる。さらにまた試練を経た伝統および尊厳な、由緒深い儀式、ならびに、海の伝説にまつわる慣習は、かならずしも常に水兵自身によって十分に認識され、または適切に評価されない、ということができる。水兵は、ある程度物質主義的機械時代の所産である。

士官は、科学技術の躍進とともに急速に進歩した海軍の専門職業に遅れをとらぬように、その使えるだけのすべての時間と知性とを費やした。機械の進歩に遅れまいと夢中になって希望するあまり、士官は、団結精神の本質である雰囲気と精神の多くを失ったのである。

海軍は、海軍の遺産の検討のなかに価値とインスピレーションを見いだすべきである。海軍にふさわしい態度と内面的感触は何か。これを正しく評価するには、各海軍士官はしばしば科学と機械を忘れて、伝統が士気に、風習が海軍の法令に及ぼす影響と儀式が軍隊組織に与えるきわだった特質を考察しなければならない。名誉、忠誠心、大義名分への献身の原則は不変であるから、これらの性質を個人のうちに強化するような研究または黙想は、特別の注意に値するということになる。

陸軍または海軍に対する伝統の価値は、その歴史に掲げる行為について多少知る者が、もっともよく認識するところである。慣習が海軍規定の形成に与えた影響は、その具体的な例である。さらに、儀式の価値は、主として、それが単にわれわれを過去に拘束するばかりでなく、現在の欲求をも充足する点にある。同時に、儀式は、国の内外で発生するとを問わず、すべての公的関係に品位と尊厳の気風を与えるものである。儀式は、規律とのセメントのような接合剤であり、軍隊は規律のうえに依存する。伝統は、勇気と誇りとが一緒になれば、士官団に伝承すべき最高の刺激を与えるのである。

次に、艦上生活の伝統のなかには、表面的な観察者には無意味で不必要と思われるものがある。ときおり、艦上で必要な、つばをつけてごしごし磨くことについて批判を耳にする。だが、これらの厳しい要請の底には、ある重要な考え方が存在する。まず第一に、それはすべての微細な点が完璧でなければならぬ、とする完全主義のささやかな、しかし重要な表われである。この意味合いは、細部がすべて完全なら、機械も完全に機能することになるということにある。完全性を主張し、強調するのは、なにか旧式なものを堅苦しく墨守するというのではなくて、必要な場合、ものごとが正しく動くことを確保する一連の規格の根底をなす必要性があるからだ。なお、陸上施設を運営することと海上の艦船を運航することとは、大きな違いがあることも忘れてはならない。海上における多くのミスは致命的なはずである。

艦上で強制される風習は、規律にやかましい司令官を喜ばすためではない。実際、すべての艦上の規則や規定は安全措置として進化してきたものである。水兵たちは世界最大の安全技師であり、船から海中へ落ちたり、電気事故で死亡したりすることを防止する措置をとらねばならぬし、また必要やむをえず、ボイラーや鉄砲の爆発および衝突を防止するための方法を考察した。船の安全こそ、指令を絶対弱めてはならない責任、つまり一日二四時間の仕事なのである。艦長は、その密集した世界には、船と乗組員双方の安全保障のためと、士気を失わさせるいらだちを防ぐために、一定の守るべき規則があることを知っている。

これらの安全対策措置は、今日では不可解な伝統と思われるものが少なくないが、艦上生活につぶさに触れた人たちは、初心者にとって型にはまった規格化と思われるこれらの規則や規準を理解し、尊敬するようになる。この哲学は、浸透に値する継承された伝統である。

慣習《カスタムズ》

各国の慣習は制定法の前から存在し、慣習の遵守は知らず知らずのうちに行なわれ、国民全体の行動を規制する。かつてエマーソンは、「われわれはすべて慣習にしたがって生きている」といった。

ベーコンは、エリザベス女王時代における慣習の影響力を認めて、「慣習は生活を守る主たる治安判事だから、人々をして是非よい慣習を得さしめよ」と書いている。

慣習は、常に、海軍または軍隊の組織運営上重要な役割を果たしてきた。海軍は、海の慣習および勤務の慣習によって拘束される。事実、そこには、人間が初めて大海原へ漕ぎ出でた冒険の日以来、海の男の特徴となっている四海同胞の兄弟愛がある。

服務の慣習は、海軍の法律上の定義を履行する場合、法律の全面的な効力を有する。有効な慣習を確立するための履行すべき主要な条件設定に必要な要素は、次のとおりである。

慣習は永く継続されたものであること。これは、慣習は永い間そうしたならわしであったので、それがいつ違ったかをだれも思い出せないこと――それが永い間行なわれているから、人の心が慣習に離反しないことを意味する。

慣習は確定的、画一的であること。ものごとは、なんらの疑問を容れる余地がないとき、「確定的」である。ものごとが常に同一の形式を備え、すべての人に同様に適用されて不変な場合、それは「画一的」である。

慣習は強制的であること。すなわち、それは義務的である。それは、ほかならぬ世論の力によるときは、強制される。「帽子をきちんとかぶれ」とは、陸上哨戒および小隊長によってしばしば使用される指令である。

慣習は一貫性があること。すなわち、それはほかの慣習や規定と調和を保たねばならぬ。たとえば、帽子を正確にかぶる慣習は挙手の礼をする慣例的な手順と一致するものである。指先がちょうど目の上の帽子の下線に接触するものとされる。ときどき頭の後方に帽子をかぶる慣行は、敬礼が現在の慣習に適合されるかぎり、この一致の要素を満たすことができない。

慣習は一般的であること。すなわち、ひとつの階級、部門、国民などのすべてに関係しなければならない。すべての士官は敬礼を交わすが、それを最初に行なうのが後任の士官である。これがすべての初級士官に適用される。

慣習は公知のものであること。このことは、関係各個人は特定の慣行を知り、またはなじんでいることを必要としない。それは、単純に、一般に知られているので、知っていることが推定されるものでなければならない。したがって、法の無知は弁解とならずである。

慣行は制定法または合法的規定または命令の条項と相反するものでないこと。慣行の実施によって成文法の廃止をきたすこともあるが、慣行自体は成文法を無効とすることができない。それを廃止する機能はただ正当に制定された立法府だけである。

他方、慣習は慣行によって無効にされる。一般に法令の発展を研究すれば、慣行は慣習をもたらし、慣習は規則や制定儀式をもたらすことが明らかにされるだろう。

慣行《ユーセッジ》

慣行は慣習の存在を証明する事実である。したがって、慣習なしに慣行がありうるが、慣行がなくて慣習がありえない、ということになるのは当然である。

慣行は、もっとも一般的な意味において、われわれの人間的、職業的生活における有力な要因である。それは、ある程度、われわれの言語、行儀作法、生活様式、同僚関係を決定する。最善の慣行はわれわれの社会的および職業的な洗練された優雅さを身につけるうえで望まれるものである。

こうした優雅さを考えてみると、慣行は鋭く磨かれた工具ともなり、あるいは、鈍いなまくらの扱いにくい工具ともなる。陸海軍の組織は、たえず古い慣行のうちのもっともよいものをめぐみはぐくむとともに、新たな慣行は受け入れる以前に厳しい精査を受けさせる必要がある。新しい慣行は、文法学者や修辞学者が俗語《スラング》を扱うように、扱われなければならない。つまり、新慣行が受け入れられるためには明らかな欲求を充足すべきなのである。

儀式《セレモニー》

儀式は、〝厳粛または重要な式祭典〟たとえば、司令官の離任式典、教会の起工式、または合衆国大統領の就任式などをより盛大にもしくは印象的ならしめるために挙行する儀礼と定義されよう。なお、儀式は単に礼儀または形式のならわしにすぎない。礼儀のもっとも簡単な儀式は、友人と挨拶する際の握手、女性に対する軽く帽子を上げた会釈、または上司に対する敬礼のならわしである。紹介は簡単な形式の儀式である。

かつての盲従の状態とは対照的に、儀式は今日軍隊において、規則の遵奉または国家の象徴、または国家機関に対する崇敬として受け入れられている。民主的共和国家の軍の区分における海軍軍人は、自発的にまたは、市民としてその制定に発言権を有する法律にしたがって、海軍に入隊し、これによって、儀礼的制度の体制を信奉したのであった。海軍では、その儀式は規律の機能であるがゆえに、重要な式典時、もしくは祝祭日に関する明確な規定を設けて、海軍の儀式を価値づけている。儀式は価値ある伝統に対する敬意の印であり、法律および秩序の受諾である。

儀式は常に規律の維持のための要因であった。しかし、ただ実際的でない人だけが儀式を常識より優位におく。同様に、おごそかな儀式を重んじ利用するだけの常識をもたぬ人間は実際的ではない。制服に対する誇り、軍に対する誇り、国旗の尊厳に対する誇りをもつことを、それらに対する儀礼にしたがうことによって、人に教育することができよう。宗教的礼拝の儀式は、それがまったくの簡素なものであると、または豪華な儀式であるとを問わず、礼拝者の人格によって、たえず宗教的団体に対し、団体の結合と規律とを与える要因であった。事実、どんなに簡単なものであれ、形式を用いることなしには、礼拝に入ることが不可能である。同様に、なんらかの形式や儀式なしに、軍隊または海軍を、秩序と威厳を保ちながら、維持し指揮することは不可能である。海軍のリーダーは、時の試練をへてよいしつけに資することが実証された、厳粛な儀式または慣習を軽々しく放棄することを慎しむべきである。

伝統《トラデイションズ》

伝統は軍に背景を与える。伝統の価値を理解することは、国家の海軍の歴史を知ることである。当初の事実は時の経過によって増減されようが、ほとんどすべての場合、武勲や戦闘や挙動や事実のエッセンスは残り続ける。第二次世界大戦のバルジの戦い[*1]では、マッコーリフがドイツ軍の降伏勧告に対して「くそくらえ（Nuts）」[*2]と回答した。「こん畜生！　降参なんか死んでもしないぞ。わたしはまだ戦闘を開始してないいんだ！」。「艦を見棄てるな！」[*3]の現代的表現は、ギルモア艦長が、浮上して撃沈される危険に陥った潜水艦の甲板の上に瀕死の身を横たえながら、静かに発した命令「潜航せよ」によって、なされたのであった。「くそ機雷め！　全速前進！」[*4]に表現された勇気の伝統に対し、ジヨン・J・パワーズ大尉その他の数十名の英雄的飛行士が猛烈な対空砲火をくぐって攻撃を敢行したとき、新たな生命を与えられたのである。

伝統は、ある程度すべての人にとって——それを破壊しようとする人にとっても——大切である。なぜならば、それは過去の象徴だからである。軍にとって、伝統の正しい理解は、とくに重要である。なぜならば、軍にとって伝統は、賢明に用いられればインスピレーションを与え、盲目的に守られればそれは手かせ足かせとなるからである。

もし伝統が、今日の兵隊は過去の兵器で防衛すべきだという意味に解されるならば、国家の安全はたちまち危殆に瀕するであろう。むしろ、今日の兵士が聖ダビテの無限の精神と勇気と信念の伝統をもって武器を携帯すれば今日の聖ゴリアテは故事と同様にやはり勝てないであろう。

擁護する伝統がジョン・ポール・ジョーンズが用いて成功した旧式な戦術計画を支持することを意味するならば、わが国家の安全は十分に維持されないであろう。

訳者注　＊1　一九九四年一二月。

＊2　独立戦争中のフラムボロー・ヘッドの海戦でのジョン・ポール・ジョーンズの言葉。アメリカ独立戦争の際、単艦対単艦の海戦史上有名な交戦を行い、アメリカ海軍の父といわれる。

＊3　一八一三年、米英戦争中アメリカ海軍フリゲート艦「チェサピーク」ジェームズ・ローレンス艦長の言葉。

＊4　南北戦争中モービック湾海戦時の北軍ファラガット少将の言葉。機雷が浮かぶ湾中に突撃し、勝利した。

他方、軍にある者が両者を賢明に識別し、自分の軍艦が修羅場と化し、九ポンド砲が戦闘不能となり、その舵も艤装もうち落とされ、乗組員の大部分が戦死または負傷した後、まだ戦いを始めていないとなった、あのタフで勇敢な艦長の思考パターンをまねるならば、はじめて足がしっかりと地についているのである。

軍の伝統を口にする場合には、もっとも賢明な識別が永久になされなければならない。このような伝統は、過去のこちこちの概念に束縛されたり、今日になって昨日の戦術論を模倣したり、未来の動向に目を閉じたりすることをいうのではない。真の軍の伝統は、戦争が弓矢で戦われていると、または弾道ミサイルによって戦われているとを問わず、恒久的に重要な不変のものを認識し、内に秘めるものである。

合衆国およびその軍隊は、愛国的先人の精神を受け継いでいる伝統を引き続き尊敬することによって永久に変わらぬ利益を与えられる。逆に、軍隊が伝統の名のもとに偏狭となり、もはや軍事的に実際的でなく、かつ役に立たないものに拘泥するならば、取り返しのつかぬ損害が与えられるであろう。

いまやまた、軍の安全はかならずしもすべてに実証ずみの慣行を遵守することによって達成されるものでないこと、それは全局面をたえず心を開いて受け入れ、敵の開発する兵器に対して迎撃するのにより適した新兵器体系を第一に考察し設計し、製造し実施することによって、もっともよく達成できることを認識する必要がある。

陸軍および海軍における伝統の価値は、はかりしれないものがある。これは、昨日および今日の傑出した士官によって単に認められてきた事実である。伝統の先輩たちに敗けまいと希望するところに、伝統の誕生を促した精神のあるものが吹き込まれるようになる。事実、海軍を去った後に、士官についていえる最大のことは、海軍の最善の伝統にしたがって生活し、行動したということである。

行儀作法《マナーズ》

行儀作法は個人の躾けの外的な現われである。若い海軍士官の行儀作法は、とりわけ他人が早い時期にそれにもとづいて彼についての意見をくだす基である。海軍社会では、民間社会で一般に行なわれていない、行儀作法とみなされる一定の慣習があることは事実である。だが立派な行儀作法の人はいずれの社会においても受け入れられる。そして、海軍士官はとくに制服を着用して、民間人と接するときはいつでも、世人の評価をうけるためにパレードしているのだ。一般国民の海軍に対する態度および支持は、個々の制服の海軍軍人の評価を通じて行なわれる総合印象によって決定されるところが少なくない。

士官は職位を保たねばならず、一般国民は士官が制服の名誉を汚さぬよう品位のある決意を披瀝するのを見て誇りとするのである。

軍人の行為

各士官が実行しなければならぬ、またよく知っておくべき一般軍人の行為に関する広く認められた慣習について、次に若干概説しよう。

(1) 自動車の乗り降りの要領は、短艇の場合と同様下級士官が最初に入り、最後に出る。しかし、上船または下船の場合はこれと反対で、上級士官が最初に乗り、最後に降りる。建物に入る際には、後輩がドアを開き、最後に入る。

(2) 後輩は常に左側を歩き、敬礼を受けるべき者は、右側に位置すべきである。

(3) 建物の廊下を通る際は、別に定めがないかぎり、任意に脱帽しまたは着帽のままとする。部屋に入るときは、もちろん脱帽する。

(4) 上級士官の部屋に入るとき、または挨拶するときは、上級士官が自分の名を知っており、思い出すことができることが確実でないかぎり、士官は自分の名前を名乗るべきである。知っており、または知っているはずの者で、名前が思い出せない者から挨拶されるのは、上級士官にとって困惑するものである。

(5) 下級士官で、正式の報告または要求をするため上級士官に近づく者は、軍隊式の気をつけの態度を維持しなければならない。いわれるまでは、着席したり、喫煙したりしない。

(6) 後輩は、絶対先輩に握手を申し込んではいけない。後輩は先輩に最初のジェスチュアをなさしめるべきである、ただし、先輩が紹介された場合、後輩（士官、下士官の双方）との握手を求めるのは立派な作法とみなされる。

(7) 艦長の出席するパーティでは、艦長よりも先に退席するのは悪趣味と認められる。やむをえず退席する場合、退席する前に艦長に挨拶する。

(8) 命令に対する正しい応答は、〝アイ　アイ　サー〟である。ただし婦人先任士官（または該当ランク）の場合は、〝アイ　アイ　ミス〟である。この応答は、「私は了解しました。命令に従います」という意味である。〝オーケー　サー〟または〝オール　ライト　サー〟などの返答は不適当である。もちろん、後輩は、先輩に対しけっして〝ベリー・ウエル　サー〟といってはいけない。この答えは、先輩が後輩の報告を了承するとき使うために留保される。

(9) 〝サー〟という言葉は、先輩に対し口頭で述べる正式の報告、陳述または質問の前につける尊称として使用されるべきである。それは、先輩を意味する幹部に話しかける際にもまた、使用されるべきである。たとえば、当直士官は、階級のいかんにかかわらず〝サー〟として話しかけられるべきである。

(10) 字句のいい表わし方には、次の注目すべき一定の相違点がある。先輩は後輩に対し〝敬意を表し〟後輩は〝尊敬する〟。文書において、先輩はある個所に後輩の注意を「指示」するのに対し、後輩は先輩の注意を「さそう」のである。後輩は先輩のためにメモランダムを書き、他方、先輩は後輩に対してメモランダムを書く。後輩は、そのメモに〝ベリー・リスペクトフリィ〟と署名するが、先輩は〝リペクトフリィ〟と署名する。

(11) 士官と兵卒との間の関係は、同僚士官の間と同じ相互尊敬のうえに立脚すべきであることは、指摘されねばならない。一部の未経験の士官には、部下をファースト・ネーム、さらに悪いことはニックネームで呼ぶことによって、士官と部下との友好親善が促進される、と考える向きがある。しかし、これほど真実と遠くかけ離れたものはない。馴れ馴れしさは、軍隊の内部では、その外部におけると同様に、侮蔑を醸成する。

(12) 中佐以上の階級の海軍士官および大尉以上の海兵隊、空軍および陸軍士官は、軍の官職名で話しかけられる。それ以下の階級の士官は「ミスター」として話しかけられる。ただし、医務官はどの階級でも、「ドクター」と呼ばれるのを好むかもしれない。従軍牧師は、常に階級のいかんと関係なく、「チャプレン」と呼ばれる。艦長は、階級に関係なく、「キャプテン」と呼ばれ、副長は、中佐の階級であるときは、「ザ・コマンダー」と呼ばれ、その氏名を併用しない。艦船には、ただ一人の「キャプテン」しかいないし、ただ一人の「コマンダー」しかいない。そのほかの艦上の大佐または中佐の階級の士官は、ブラウン「大佐」またはブラウン「中佐」

と呼びかけるべきである。海軍少佐《ルテナント・コマンダー》を海軍中佐《コマンダー》と呼ぶ習慣は、海軍の慣習では根拠のないものである。他方、陸軍中佐《ルテナント・カーネル》を口頭で、陸軍大佐《カーネル》と呼ぶのは、まったく正当である。

士官室の作法

艦上士官室（ＢＯＱ（独身士官宿舎）および陸上メス〈食堂〉は、海軍士官のホームとして扱われ、住むに楽しい場所たらしめなければならない。それはクラブでもあり、しばしのくつろぎを求めて、あるいは一杯のコーヒーを飲みながら、一日の問題を話し合うために、士官がそこに仲間たちと一緒に集まってくるのである。公共読書室または参考資料室の静けさを保つ必要がない。ある司令官は、新しい少尉を艦上に迎えて、楽しい士官室の尺度は艦長室の上まで聞えてくる騒音の量に基づいており、かつ自分の部隊は「いままで耳にした一番の騒々しい連中」である、と述べた。彼の軍艦は、はからずも楽しいものであった。

副長は食堂《メス》の長である。海軍規定は食卓における座席の配置を規定している。一般の礼儀と敬意の慣例によって、各士官は副長が席に就くときみんなが着席しているように、食事時間前までに食堂に到着しなければならない。

各士官は食堂のメンバーであり、その投票はすべてのほかの者とひとしい比重をもっている。食堂の会計係、もしくは調理係の選挙では、かなりの競争がでるのが普通である。選出された場合、当選の栄誉をになった士官は、一流の腕を披露すべく努力しなければならない。ふつう、海軍の艦上または要港で漫然と出されているまずい食物では言い訳がたつまい。きちんと用意されて出された食欲をそそる食事ほど士気の昂揚をより高めるものはない。司厨長は、自分のサービスが感謝されていることo

とを知るときは、協力するものだ。

士官室は、特別の事情がある場合を除いて、一般兵には立入り禁止である。士官はやむをえない事情がないかぎり、広間を事務室として使用してはいけない。艦船のなかの自分の場所か正規の部屋のなかで、部下と事務をとらねばならない。

海軍の訓令パンフレットから引用した、次の士官室作法心得には、素晴らしい助言が含まれている。

① 制服を着用しないで、士官室に入ったりぶらぶら歩いたりしないこと。駆逐艦や小艦艇では、この点について多少の自由が許されるが、司令官がこうした変則を許可しているかどうかを確認する必要がある。スマートな艦艇の司令官は、実用的な事務をとるための理由でなければ、けっしてこの要件を弛めないことは、請けあってもよい。「ピリッとした」という印象のもとに、不注意な、またはだらしない例にしたがわぬように用心すること。士官室では帽子をかぶらないこと。

② 副長もしくは艦長、または不在の場合は先任将校が腰かける前に、絶対に食事のために腰かけないこと。

③ 食事の終わる前に離席する必要があるときは、食卓の先任将校に断わること。

④ できうるかぎり、平素、客を食卓の客そのほかの士官室の将校に紹介すること。

⑤ 客はすべて士官室の将校の客である。来客に対しては友好的かつ社交的であること。場所がらを考えず自分の専門のことばかりを話さないこと。仕事以外に何も知らない、または自分の力量技能を見せびらかしているように思われるだろう。そのうえ、国家安全保障に関する機密情報を漏洩しかねない。

⑥ほかの艦艇から将校が士官室へ入ってくるときはいつでも、自己紹介をし、すべての丁重なもてなしをし、なんなりとお役に立つことがないかとたずねること。
⑦絶対に食事には遅刻しないこと。やむをえず遅れた場合には、先任将校に陳謝すること。
⑧客を連れてくるときは、時間に間に合うように心がけること。遅刻しそうなことがわかれば、できれば食堂兵曹に連絡すること。食事が始まってから客が到着するのは間の悪いものである。
⑨病気名簿に載っている人のみが自室で食事をする特権を有すること。
⑩士官室の個人として馬鹿騒ぎしたり、そのほか騒々しくしたりしないこと。これはすべての将校の家庭であるから、その権利と特権とは尊敬されなければならない。
⑪食堂の勘定その他すべての個人的な艦の勘定は、すみやかに支払うこと。士官室の食堂の勘定および食堂の入会金は前納のこと。最初の二四時間以内に、食堂の会計係に食堂の勘定、および入会金の額をたずね、そのとき支払うのが正しい。
⑫司厨長の助手兵曹らとの交渉にあたっては、礼儀正しく公正であること。苦情があれば、食堂の調理係まで届け出ること。
⑬当直司厨長を長い走り使いに出したりして、濫用しないこと。
⑭艦上での賭けごと、飲酒または酒類の所持さえも、規定によって禁止されていることを銘記すること。

紳士としての海軍士官

しばしば「士官と紳士とは議会の法令による」という表現を耳にする。実際においては、「士官」および「紳士」という言葉は、同義語である。「紳士」という言葉が非常に多く出てくるから、その意味を、海軍士官の役割に関連づけて検討するのも有益であろう。

ある無名の著者が次のような素晴らしい紳士の定義をくだしている。

内も外も清潔な人、富める者をあがめず、貧しい者を見くださない人、負けて悲鳴をあげず、勝って自慢しない人、他人に思いやりがある人、大胆で偽らず、寛大で欺かず、分別があって、のらくらして遊ばない人、世の中の財貨のうちの自分の分け前だけを取り、他人にその分け前をもたせる人——これこそ本当の紳士である。

人間はだれでも、等級や格付けに関係なく貧富、社会的地位、人種、皮膚の色または信条に関係なく、紳士になれるのである。他方、どんなにファンファーレを奏でても、どんなに法律をつくっても、どんなに金があっても、教養のない野人を紳士にすることはできない。十分な教育を受け、立派な社会的地位に生まれた人は、おそらく、それほど恵まれぬ人よりも多くの紳士の要件を習得しているであろう。しかし、世の中でもっとも立派な紳士の多くは、教育の機会を利用しなかったし、社会的地位の意味を実感していなかったのである。

チェスター・W・ニミッツ元帥は、士官と紳士の理想的概念の象徴である。紳士としての元帥の部下、同僚および上司との関係には、なんらの差別も存在しなかった。元帥は、もっとも不愉快な職務の遂行中でも、けっして他人の気にさわるような態度を示さなかった。行儀作法は立派であり、たえず学問や心の修養を怠らなかった。元帥は、前記に掲げた紳士の資格のすべてを具備している。太平洋戦争遂行中における元帥の速達公文書でさえ、受取人が引き船の長であると隣接の劇場の長であるとを問わず、元帥の言葉の紳士的な心根を感じざるをえないように、字句が使われていた。もっとも困難なつらい仕事が、元帥の言葉や態度によって容易に行なわれた。ニミッツ元帥が海軍作戦部長であったときの副官参謀であったユージン・B・フラッキー海軍大佐は、このことについて次のように語っている。

辞書には「紳士」という言葉を繊細な感情、立派な教育および社会的地位のある躾けのよい人、つまり洗練されたマナーの人と定義してある。だが、ニミッツ元帥にあてはめられた「紳士」という言葉は、この定義よりもはるかに多くのものを含蓄している。この言葉を正しく定義づけるには、元帥を描写すると名誉を重んずる人、言行一致の人、一点の疑いもない誠実な人、公正無比な人である。

理想に忠実な元帥は、人間はすべて多くの共通点があり、誤解こそが世の中の猜疑と憎悪の多くの根底であると信じている。友情と相互尊敬の精神が元帥のすべての会議を特色づけている。元帥の心のなかには、未だかつてなに人の気持ちを損じることのないほどの深い、共感的理解と隣人的寛容とがある。

太平洋における職責がどれほど重いものであっても、ニミッツ元帥は、水兵たちとともに蹄鉄投げ遊びに興じ、大将や将軍たちに示したのと同じ礼儀と配慮を水兵たちに示した。

元帥がアメリカ本国に帰還以来、国家の首脳らに対すると同様の真心を学校の子供らに示しながら、どれだけ多くの写真にサインし、どれだけ多くの手を把握したかは、だれにもわからない。

元帥にあっては、礼儀は心からの真正なものである。元帥は、つとに自分自身より前に他人のことを考える習性を身につけた。退屈な長い旅で、元帥は身の安全を守ってくれる人たちが面倒を見ている間、その人たちの身を案じるのである。名声に浴しているにもかかわらず、どこへ行っても、つつましく気取らないで、立ち止まって子供と話し合ったり、握手をしたり、自筆でサインしたり、そして急いでいるときでも、見知らぬ人と一緒に写真のポーズをとる姿が見られる。

いつでも、自分の思考や行為を完全にマスターしていたがゆえに、元帥は世界中の幾百万人の尊敬と信頼と賞賛とをかちえたのである。

人間は各自、他人が紳士であるかどうかを自分で決定する権利を有するが、ある人間が紳士であるかどうかについて意見を交換するときはいつでも、ほとんど全会一致の合意に到達するのを観察するのは面白いことである。ある人がもし紳士であるとすれば、その人に接するすべての人たちがその事実を認めるだろうし、その人が紳士でないときは、その人と逢うすべての人たちが示す見解はまさに全員一致を見るだろう、と仮定しても間違いがあるまい。

リー将軍の紳士の試金石

ロバート・E・リーは、その家系のなかに歴代すぐれた紳士を輩出した真の貴族であり、みずからも、おそらくアメリカが生んだもっとも完全な紳士の一人である。したがって、真の紳士をつくり出すものは何か、という主題についてリーの言葉は熟考に値しよう。

権力の使用を抑制することは、紳士の真正もしくは価値を制定する試金石、または基準をなすばかりではなく、個人が他人に対する優越感ないし長所を楽しむ、もしくは享受するマナーが真の紳士の試金石である。

強者が弱者に対し、行政官が市民に対し、雇主が被傭者に対し、教育ある者が無教育の者に対し、経験者が未経験者に対し、いな賢者が愚者に対する権力――これらすべての権力または権限の行使を控えるようにし、または不快の念を与えないようにし、または、事情が許すかぎり、権能もしくは権限をまったく忘れるようにするところに、紳士の姿が明るみに出るのである。紳士は、不法または不当の行為がなされたことを、むやみやたらに、その行為者に思い出させたりはしない。紳士はそれを許すばかりではなく、それを忘れ去ることができる。過ぎたことを水に流してしまうだけの雅量を与えるような、自我の高尚さと人格の温厚さを求めるのである。

信義を重んずる真の紳士は、他人の高慢の鼻をへし折らざるをえないときは、みずからを謙虚の念をもって卑下するものである。(4)

それにしても、南軍のリー将軍が北軍のグラント将軍と、降伏の条項を取り決めるために、アポマトックスで会見したとき、リーとまったくちがった教養の家に生まれたグラントが、真の紳士に関する前記リー将軍の定義の化身として現われたことは、運命の奇しき因縁によるものであった。

西部の新しい社交界の人であれば、穏やかな声で話し、勝利特有の瞬間がしみじみと楽しみ味わうべきものではないかのように、その瞬間を卑下するようにもしたであろう。グラントは、この社交室にリーとともに入って来たとき、戸惑いさえも感じているように思われた。だが、それは、上官の前でぎこちなくふるまう困惑では断じてない。むしろそれは、自分の権力のもとにおかれたもうひとりの人間の心を、できうるかぎり、傷つけまいとする感受性のある人の素朴な遠慮であった。そのとき、グラントは世間話をし、メキシコ戦争では、リーは将官の司令部テントでの洗練された幕僚幹部であり、グラントは連隊需品補給部長代理で、牛馬の群れを世話する雇い人のようにうろうろ歩き回っていた、過ぎ去った日の想い出を語るのであった。このアポマトックスの会見でおそらくもっとも奇妙なことは、上品な主人役を勤め、貴族の客を落ちついたくつろいだ気分にさせ、そして、まさに受けようとする心の衝撃の重荷を、できうるかぎり和らげようとしたのは、無名のグラントにほかならなかった、という点である。結局、双方ともなぜここに集まったかはわかっているのでさっそく本題にとりかかるほうがよいのではないかと思うと述べて、(そう述べることは、リー将軍にとって、ほとんど耐え忍ぶことができないようなつらい思いであったに違いないのだが) この会見の、いわば、開会を宣したのは、リー将軍であった。そこで、グラント将軍は命令簿を開いて鉛筆を取り出したが、そのさい、何を書きしるそうとしたか、まったくわからなかったと、後日告白している。[5]

垂範指導

率先垂範するリーダー、すなわち前面に進み出て自分自身で、部下にしてもらいたいことを行なうリーダーは、後方に位置して部下へシグナルを出したり、あるいは、急送公文書を送ったりする場合よりも、いっそうよく命令に服従されるものだ。艦隊旗艦が艦隊の縦列の先頭に立ち、ほかの艦は旗艦の通った跡にしたがい、そのとおり行動するだけで最小限の信号の使用で分隊長について行けることは、多年にわたって、アメリカ海軍そのほかの海軍における原理であった。シグナルやメッセージは、時間がかかりかならずしも常に伝達されないばかりか、しばしば誤解される。中央や後方にいるリーダーは、コミュニケーションだけに依存しなければならない。なぜならば、そうした位置を取ることによって、リーダーは、すべてのうちでもっともよく、かつ早い方法である、率先垂範による指導をみずから奪い去ってしまったからである。

イギリス海軍は、オランダ軍に対して分艦隊別戦闘をした頃に、最高の練達を誇る最盛時を迎えたが、やがて出てきたのがヨーク公の戦闘訓令で、それはこの貴重な資産をイギリス海軍から奪うことになった。すなわち、三分隊が艦隊縦列に並べられ、分隊長が各縦列の中央に、最高指揮官が中央の分隊におかれるようになった。信号は遅く不良となり、読みづらく、もうもうと立ちこめる砲煙によって不明確となった。その結果、硬直したワンマンの指揮のもとに、(八〇ないし一〇〇隻の艦艇からなる)長い縦列となった。最高指揮官は垂範による指導ができなくなり、艦艇はボンボンと発砲するが、弾薬を浪費する以外はほとんど目的を達成しなかったのであった。このパターシを打破し、イギリス海軍を昔日の偉大な姿に回復することは、その後の世代のイギリス海軍士官であったロドニーと、とくにネルソンに残された課題であった。トラファルガー海戦において二人の英海軍分隊長、ネルソンおよびコーリングウッドは、互いに競争し率先して戦闘を指揮したのである。その部下たる艦長たちには、命令の要旨説明がよくなされたのはもちろんであるが、命令を強化すべき率先垂範もまたよく示されたのである。

リーダーシップの賛否両論

リーダーであることの利点は多いが、それらの利点はよく知られているか、容易に推測されるのである。リーダーは、強い権限と高い階級、多い給与と大きな威信の地位を占めている。リーダーは、男の中の男であり、小種族の酋長と同一視されるべきで、単なる「ネイティブ・アメリカン」の一人ではない、という気持ちをもっている。リーダーは、大企業に埋没される代わりに、自分の仕事がより容易に認められて褒賞を受ける立場におかれる。これらはすべて、リーダーシップを監査する場合、まったく正常かつ正当な資産である。

ところで、リーダーシップの義務についても言及しないのは公平を欠くことになろう。事実、リーダーシップにはいささかの義務がある。まず第一に、リーダーシップは仕事であり、それもつらい仕事なのである。新任士官は、胃潰瘍にかかったり、健康を損ねたり、卒中に襲われたりする確率が、「ネイティブ・アメリカン」一般よりも「酋長」のレベルのようにはるかに高いことに気づくであろう。第二に、階級には特権があるけれども、責任もともなうものである。

両者はシャム双生児のように、不可分である。その責任の一つは、すでに命令された仕事が成し遂げられているだけではなく、成し遂げられて、まったく満足すべきものであることを確保するため点検することである。リーダーは、ある人を軍法会議の裁判に付するよう勧告したり、無能の理由によって罷免することが必要でさえある。これらの方法はいずれも愉快なものではない。

次に、あの誉れ高い故ジェームズ・V・フォレスタルのいわゆる「リーダーシップの孤独」がある。リーダーは、とくに軍隊組織においては、部下より少し離れた状態にあるのが遺憾ながら必要である。このことは、リーダーが高慢で近寄りがたいということではなく、それとはまったく違ったことを意味する。リーダーは愛想がよく、近づきやすくなければならない。その意味するところは、リーダーがフォロワーと懇意になればかならず偏愛、えこひいき、不公平さらには多少のスパイ行為などについての猜疑心をほかのフォロワーに起こさせるということである。このような疑惑はいかに根拠のないものであっても、それは軍隊の規律、士気および団結心を荒廃化させるものである。フォロワーはまた、リーダーが組織上の同じ地位の人と交際して、あまり自分たちの問題に介入してもらいたくない、ということを望むであろうことはたしかである。これらの理由によって、リーダーシップは孤独な仕事であり、艦長は史上もっとも孤独の人なのである。

分艦隊や部隊が通常時よりもより一生懸命に、より長時間にわたって仕事をしなければならないときがあるが、分隊長やリーダーが部下と労苦を共にしていることがわかれば、部下はより勤勉に、より立派に、より楽しく仕事をするものである。

〈注〉

(1) Selected Readings in Leadership, 1957, U. S. Naval Institute, p. 1.
(2) Selected Readings in Leadership,1957,U.S.Naval Institute,pp.99–100.
(3) Adapted from pamphlet, Leadership and Administration, Naval Line School.
(4) Down to Twilight, by Elizabeth G. Valentine, 1929.
(5) From This Hallowed Ground by Bruce Catton Copyright c 1955, 1956 by Bruce Catton. Reprinted by permission of Doubleday & Co., Inc.

第7章　有効なリーダーシップの人格的特性

第1章において、人格的ならびに道義的特性がたとえわが民主的政体のもとでの海軍士官にとって必要不可決とみなされる諸性質であるが、それらを欠いても頭角を現わした世界的リーダーの事例があることを強調した。ヒトラーは、むしろ目立った道徳的、精神的欠陥をもった、きわめて近代的なタイプのリーダーであったことはたしかであるが、ヒトラーが成功したリーダーであるとの説には異議を唱える学者が少なくないことはもちろんである。

バーク大将は、「海軍のリーダーシップの実践[1]」と題する論説で、善かれ悪しかれ、すべてのタイプのリーダーに共通と考えられる人格的特性を述べている。それは次のとおりである。

(1)　自信
(2)　知識
(3)　熱意
(4)　力強くかつ明確に表現する能力（これは、口頭と文書の双方を意味する）
(5)　無能な不適任者をふるいにかける道義的勇気
(6)　大義のために何かをしようとする意思

以上の原則は、個人が多くの人格的完全さをもたないでも実践できるのであるが、すべての成功したリーダーが前記特性のすべてを準備していたとすれば、成功すべき海軍のリーダーは、すべてこれらのまたそれ以上の多くの人格的特性を備えねばならぬこともひとしくたしかなことである。

本章と次の章では、一定の人格的特性で、海軍のリーダーの育成に重要だとみられるものを詳しく論述するが、これらの特性は二つのカテゴリーに大別されよう。

まず第一に、ときおり天性と呼ばれる特性で、もっぱらリーダーのおかれる環境によって、リーダーのなかにむしろ自然に発育するものである。第二に、むしろダイナミックな性格で、各人はそれに対して積極的なコントロールができ、意識的に向上改善に努めなければならぬものである。現実には、ある特性は双方のカテゴリーに該当し、したがって、生徒は一つの特性がどちらのカテゴリーに適合するかについて、あまり批判的になりすぎてはいけない。

本章および次の章を研究するにあたって、性格の研究は生徒が自分自身の性格の批判的自己分析によって判明する欠陥を矯正する決心をもってこれを行なう場合にのみ、意義があることを想起すべきである。このことは、個人の側において、一定の性格の特性上の欠陥を認識しようとする意思とならんで、この欠陥を矯正しようとする決意があることを意味する。個人の性格の特性についての自己分析は、単に個人の自己のみに限定するべきではなく、他人によるその個人の分析もともなうべきである。

リーダーシップの訓練は、性格の陶冶から開始するのが適当である。有効なリーダーシップは、主として、積極的な規律および性格涵養の要素から発達するからである。プラット大将は、新入士官の課題を次のように巧みに述べている。「いやしくも努力に値する目標をみずから設定する者は、当初において、積極的な行動のパターンを涵養するように努力し、終極において、消極的または有望な行

動ではなくても、この積極的もしくは建設的行動の型式が思考および行為の習慣となるようにすべきである。(2)

そこで必然的に、次の諸問題に到達する。有効な海軍のリーダーシップには、どんな特性が不可欠であるのか。有能な海軍士官、部下の有効なリーダーとなるには、多くの人間の属性のうちでどれを発展させるよう努力すべきであるのだろうか。

これらの問題はけっして新しいものではなく、多くの世代の海軍士官が、これと同じ問題を提起し、各世代ごとに解答を探求してきたのである。次に、今日の有効な海軍のリーダーシップに不可欠とされる諸特性をあげて、これを検討したい。

忠誠

ウェブスター辞典は、忠誠を「忠誠である性質、状態、場合、人間、政府、大義、義務等に対する忠実または忠実な遵守」と定義している。この特性については、いくつかの種類があるから、普通討議に際してその意味する特定の種類の忠誠を特定することが望ましい。

もっとも重要なのは、国家に対する忠誠である。各軍隊士官は合衆国憲法を支持し、これを内外のあらゆる敵から防衛すべき旨の宣誓をする。この宣誓はその後の昇進ごとに更新される。

また、上に対する忠誠がある。換言すれば、このことは、心から能率的かつ立派に上司に奉仕し、自分自身の言行によって上司の権威や威信をくつがえさないようにすることを意味する。分隊長や初級士官における忠誠の決定的なテストは、艦長または副長からの命令で、自分も賛成しないし、部下の間にも評判の悪いことを知っている命令を、部下に対して伝達連絡する能力である。一部の士官が艦長または副長からのある種の命令または規定のため、部下に同情の態度をとる傾向のなかには、大きな危険がひそんでいる。そうすることは、不忠なのである。部下が直ちにそれを見抜くこととなり、不忠を犯した士官は、自分自身のみならず、部下の尊敬を失うことになるだろう。

一部の士官のなかには、上司の命令を吟味する強い傾向がある。命令がもし部下自身の考えと一致すれば、きわめて忠実であるが、一致しなければ、いやいやながら命令を受ける。つまり、定められた計画が、部下自身の考えと一致するときだけしか、その者の忠誠心が本当の音を出さない場合が多すぎるのである。しかし、部下自身が賛成する計画だけを精力的に実施することしか頼れないとは、きわめて頼りない、信頼のできぬ部下である。海軍の艦長はだれでも、戦時にそうした部下を自分の船中にもつことを好まないのではなかろうか。

なおまた、下への忠誠がある。それは本質的に、部下の福利に対する配慮、その合法的利益を守る意思、必要とあれば部下の「援助に馳せ参ずる」用意があることである。「下への忠誠心は上の忠誠心を生む」。上への忠誠はどの事業の成功のうえにも絶対に不可欠な要件であるが、下への忠誠もまた同様である。忠誠が上司と部下との間に共有された感情でないかぎり、それは最良分子の側の盲従と化し、残余人員の側の不誠実またはせいぜい無関心に陥いる。士官は部下の間に不忠を見いだすやいなや、まず自分自身を見つめてその原因を発見すべきである。士官が部下に不忠である場合には、部下が士官に不忠になるのはまずたしかなことである。そして、これについて部下を非難するわけにはいかない。自分の部下たる将兵を価値のない輩と呼びながら、それに対する返礼として、部下から忠誠を期待することはできない。部下がそうすべきだと要求するのは人間性にもとるのである。そうではなくて、初級士官は、部下のために高い基準を設けて、日々の交渉において教訓と垂範とによって、部下の向上改善に努めなければならぬ。

士官はだれでも、ネルソンを研究し、その生涯、とくに軍人としての経歴を学ぶことによってえるところが多いであろう。ネルソンのような忠誠の代表的人物は、かつていなかったし、その全生涯は忠誠、すなわち上司に対する忠誠、とりわけ部下に対する忠誠を長く示したものであった。ネルソンが部下を悪しざまにいったことを知る者はいなかった。ある日のこと、一人の艦長が、自分のところへ派遣されたある若い士官の不平をもらしたとき、「私のところへ寄こしなさい。私が立派な人間にして見せる」と、ネルソンは答えたという。忠誠は、もっぱら彼の成功の基調であったが、これに彼の専門職業についての知識が結びついたのである。

そのほかの忠誠の形態には、親戚や知人、信念、そして最後に自分自身に対する忠誠がある。最後の、ともすれば見過ごされる忠誠は、そのほかの忠誠に対する鍵である。「最後に、もっとも大切なる訓……、己れに対して真実なれ、さすれば、夜の昼に継ぐが如く、他人に対しても忠実ならん」

訳者注　シェイクスピア『ハムレット』第一幕第三場（坪内逍遥訳）

忠誠心は、程度の差という意味が含まれない。ほんのわずかな忠誠などといったものは存在しない。人は忠誠であるか、不忠であるかのいずれかである。

肉体的勇気と精神的な勇気

リーダーあるいは戦闘員のもっとも古くかつ伝統的な要件は勇気である。当初は、ほとんど全面的に肉体的勇気が強調され、非常に高く評価されたので、多くの人に感銘を与え尊敬をかちうるため、無謀ともいえるほどの向こう見ずな大胆な行為が行なわれた。今日、士官に対して古代バイキングの勇気やこれらの現代版を示すために狂暴になる慣習をまねることを期待する者はいない。事実、それはよい秩序や規律について偏見をもった行為と見なされるだろう。むしろ肉体的勇気は、当然仮定されるものなのである。アメリカ人はとくに、リーダーの勇気の欠如をもっとも問題にするのである。精神的勇気とは、簡単にいえば自分の確信に対する勇気、ものごとを見たままに呼べる不屈の精神をもつことをいい、過ち（他人はもちろん、自分自身に対する）をしたときに、これを「強行」しようとする代わりに、認める用意があることを意味する。他人から気づかれないのに、自分で過ちを犯したことを上司に報告するには、高度の精神的勇気を必要とする。しかし、初級士官が自分自身の過失を報告するに際して、敏速な措置をとることにより、上司は被害が大きくならないうちに矯正策を講ずることができるのである。絶対に過ちを犯さぬ不可謬性は、初級士官の特徴ではないから、若い士官がときおり犯す過ちは許されようが、これを「粉飾糊塗」しようとする企ては容易に許されないであろう。

責任をとりたがらないことは、精神的勇気の欠如を示すものである。たえず非難されることについて恐怖の念をもっていることは、士官のイニシアチブを大いに阻み、兵曹をして「命令待て」をなさしめる一番強い原因である。軍隊にもっとも共通に見られる恐怖の形態は、身体的損傷の恐怖ではなくて、むしろ非難の恐怖である。頭上に非難に対する剣を振り回しながら、最良の仕事をなす者はほとんどいない。

勇気と密接に関連するものに勇敢があるが、両者ともに恐怖の征服を意味するものである。恐怖は人間の活動のうちで最大のものであり、これを抑えないと、人間の恐怖につかれて、一目散に逃げて安全を求め、それが今度は、他人をして同じ行動をとらしめる。まったく恐怖を知らぬ人がいまだかって存在したかどうかはきわめて疑わしい。これに反するような歌や物語が書かれているからである。生まれたときには人間がすべて恐怖の念をもっていないのは、単に人間に危害を与えるもの、たとえば火事などがあることを知るだけの知性がまだ発達しなかったためである。しかし、個人が年をとるにつれて、さまざまな物が人間に危害を加えたり殺傷したりすることを、辛苦して覚えるのである。成長の過程として、人間はこれらの危険を避け、その脅威を克服しまたは極小化し、また最初にそれらの恐怖を起こさせた要素そのものを利用したりする方法を学ぶのである。

一般的にいえば、人間は未知のもの、未経験のもの、未試練のものを恐れるものだ。人間は、より知性的になればなるほど、それだけ多くの危険を未知の状況または敵対行為の場において、ともすればその危険を過度に拡大して思い浮べるものだ、とも主張できよう。敵軍の規模や構成の推定が、かならずといってよいほど、はるかに高すぎたことは、歴史の示すところである。したがって、大胆な態度は、知性の低い者よりもより知性の高い人により多くの勇気を必要とするように思われる。

十分に戦闘の試練を経た古参兵でさえ、最初に戦闘行動を開始するときには、神経質になり、緊張し、いささか心配性になるものである。実際、恐怖の戦慄を少しも経験しないためには、極端に愚鈍とならざるをえないであろう。だが、リーダーに対し、武器に対し、自分自身に対する信頼をもち、しかも行なうべきなんらかの課題を与えられるときに、その古参兵は勇気を奮い起こして恐怖を鎮め、立派な成果をあげることができる。この場合、恐怖を見事に克服したので、次回からはこの経験によって、次第に容易になっていく。したがって、種々の恐怖に対処することに慣れることによって、人間はその恐怖を軽視し、意に介しなくさえなるものである。

そういうわけで、勇気は恐怖をもたぬ状態ではなく、一切の恐怖を抑圧し、たとえ明らかな危険を認めているにもかかわらず、職責を履行することである。

名誉、正直、真実

これらの特性は酷似しているが、同意語ではない。ここに用いる名誉とは、鋭い正邪の観念および正しいと認められる行動または主義をいう。それは個人の人格的誠実である。幾世紀にわたり、すべての国々において、士官は非のうちどころのない高潔な人格を備えた、誉れ高い人であることが期待されてきた。合衆国士官は常に人格的に完全無欠を要請されており、この急速に科学技術の発達した時代においても、リーダーは、それがいまなお海軍士官の主要な構成要素であることをけっして忘れてはならない。

正直とは、いかなる事情のもとでも、虚言、窃盗、詐取または詐欺を拒むことを意味する。正直な人は、誠実、率直、他人の所有物の尊重、うらおもてのなさおよび公正などの美徳を認めこれにしたがうものである。正直には、その程度はない。忠誠の場合と同様、個人は正直であるかないかのいずれかである。

誠実は、高貴な人格の本質である。うそつきが紳士となることはまったく不可能である。海軍兵学校のような若手士官の教育訓練を専門に行なう学校では、誠実以外に強く注入すべき美徳はないのである。人格的誠実の立場からするこの美徳の重要性は、しばらくおくとしても、この徳には純実務的見地からあげざるをえない理由がある。

軍隊組織においては、人々はしばしば一時に数か月にわたって、一緒に近接して作業し生活するので、日々の交友のみならず生活そのものについても、強く相互に依存しなければならない。したがって、艦員仲間に最大の信任と信頼をおくことが必要であるが、その仲間がもし名誉と正直と誠実の人以外の者であるとすれば、このことがほとんど不可能であろう。

同僚将校や船員仲間、食堂仲間にこれらの性質を注入させる必要を認めるとしても、リーダーがそれらを備えることがそれにも増していかに重要であるかを考えてみるがよい。さらに、リーダーは他人の尊敬、信任、躊躇しない服従および忠実な協力をえようとすれば、みずから名誉、正直および誠実の徳を十二分に備えなければならない。これらの性質を備えることによって、おのずからリーダーとなれるものではないが、それを備えることができなければ、リーダーになれないことはほぼ自明のことである。

信義《faith》

ここにいう信義は、単に自信の意味である。信義には、三つの種類、自己に対する信義、人間にたいする信義およびそれに向かって努力している大義に対する信義がある。信義は熱中とよく似ている。それは伝染性をもち、信義は信義を生む。自分自身に対する信義——または自信——は他人が抱いている尊敬の念を深め、他人に対する統制を強める。

「かれは、自分のことだけ考えている」

訳者注　旧約聖書

人間は、自分自身に対する信義を失うと、弱気となり、言いなりになり、弁解がましくなり、イニシアチブ、エネルギーおよび迫力を欠き、他人の尊敬や自信がなくなる。同僚に対する信義を失うときは、士官は皮肉屋か懐疑家となり、だれも信頼せず、だれにも忠実を示さず、つむじ曲りとなり、疑い深くなり、上司と部下との信頼と忠実を失う。大義に対する信義は勝利にとって不可欠であり、その信義の欠如はほぼ不忠といってもよい。野戦における信義または信任のぐらつきは、かならず士気の低下、士気沮喪、崩壊および敗北をともなう。

心の底から軍隊や艦艇、自己の艦艇、艦長、分隊および自分自身を信ずる士官は、自分の態度が部下の挙動のなかに反映されるのを見るだろう。自分自身にとって一番覚えがある理由によって、海軍の生活に対する増悪の情がでる士官は、多年にわたって自分を訓練し支持してくれた軍隊に対する忠誠のためにも、自分の艦員仲間や将兵の信念を使わしめないように、その事実を自分自身の胸に秘めておくべきである。

信義は、士官が職務怠慢者を取り扱ううえでもっとも強力な要因となる。過ちを犯す者に対して、善良なのだから過ちなどする人間ではないこと、自分のうちに、過ちを改めるものをもっていること、過ちからさらりと抜け出し、カムバックし、そのほかの過ちについても多少あからさまにしなければならないことを、十分な説得力をもって語れば、彼もまた、やがてそういう風に考えるようになり、その結果は驚くべきものがある。その上司たる士官が部下を信じていることを信服せしめるだけの信義をもつがゆえに、部下の心に信義が蘇ることになる。

宗教的信仰

軍組織のリーダーシップの職位を望む者はだれでも、あらゆる時代の最強かつ最大の原動力たる宗教的信仰について考えて見るべきである。リーダーは、その所属する特定の宗派のいかんを問わず、創造主を心から信じ、神の信仰をもつとき、緊張と不幸の時期に自分を支える剛毅と沈着とを賦与される。

宗教的信仰の浮揚力の事例として、フォージの谷の雪中でのワシントンの祈りが有名である。この力は、敵の捕虜収容所におけるもっとも暗黒な数時間の間、より少数の人たちを支えてくれたのだ。共産主義者の「洗脳」のテクニックのもとでさえ、共産主義者がなんらの感化を与えることができなかった一定の人がいたのである。

歴史をひもとく者は、いかに多くの軍事的大運動が強い宗教的刺激をもったかについて知っている。たとえば、十字軍、キリスト教徒を苦しめた宗教戦争、東西双方から北アフリカを超えてヨーロッパへと回教のダイナミックな風靡、クロムウェルの賛美歌を歌う新模範陸軍。

訳者注　「そのつるぎをもって彼らをちりのようにし、その弓をもって吹き去られる、わらのように」　旧約聖書イザヤの書第四一章二

さらに最近においては、「神はわれらとともに」と麗麗しく刻んだカイゼルウイルヘルム二世の皇帝旗、神たる天皇のためにアメリカ戦艦に玉砕した神風特攻隊などはその例である。

今日の世界は、世界共産主義の脅威に直面しており、それは神とすべての神の功徳を否定するけれども、宗教的運動のあらゆる情熱と動力とをもっている。それは、本質的に、唯物論を神とする宗教的熱情である。もしわれわれの生き方が勝つとすれば、この宗教的信仰に対し、よりいっそう大きな神への信仰をもってしなければならない。

個人はリーダーとして宗教的信仰をもつことを強く要請されるが、それをもつかどうかはその人間個人の問題である。しかし、その人間は、リーダーとして、フォロワーの精神的欲求を満たすことが

できるような義務をフォロワーに対して負うのである。

ユーモアのセンス

ある状況においてユーモアを解する能力は、貴重な資産または利点である。このことは、道化師の役割を演ずるべきだ、というのではなく、むしろ個人としてはそうした活動をとらないよう警告する。しかし、巧みに表現されたユーモラスな言葉が一番ぴったりと該当し、しかも精神的、身体的緊張を和らげ、忘れもさせるような場面がある。長時間戦線の「塹壕」のなかにいたり、当直または残業したりする退屈さは、なにかユーモラスな逸話によってまぎらわされ、これによって、弱まった士気が回復されたのである。とくに緊張したある状況のもとでは、一見ばかばかしい言葉がみんなを笑わせ、緊張が消え去ってしまう。笑いは薬と似ている。それを使用せよ。しかし、警戒して使用せよ。そして、上司が部下に対してではなく、部下とともに笑っていることを部下が知っていることを確認せよ。ひやかしは危険に満ちているからである。

謙　虚

真に偉い人間は、謙虚でいられる余裕があるが、そうでない人は、謙虚である余裕がない。人間は自分自身の価値、能力、業績について控え目な意見をもつのが正当であるが、たえず自分自身や自分の仕事についてあまりによすぎる評価をしないように警戒すべきである。本当に名誉を与えるに値する人には、それを与えるがよい。少なすぎないよりも多すぎるほうがよい。寛大な精神は利己的なそれよりも、結局において、えるところが多いものだ。はなやかさや強い虚栄の態度をふるまって見せることほど、若い士官の成功を明らかにだいなしにするものはない。うぬぼれのケースも、多くの士官のキャリアを破壊に導いた。それは部下によって、すみやかに、人間の小さいことと経験の狭いことを物語るものとして認められる。謙虚さや落ち着いた品位、それと自己を卑下することさえも、人格の大きいことと経験の広いことを特徴づけるものである。リーダーが自己の尊大を自分自身に対してさえ認めることは危険である。みずから尊大に構えることは、部下の福祉を考えるべきときに、自分自身の福祉を重視せしめることになり、あげくの果ては、自分を指揮官に不適任として見られることになるだろう。

どこかエンパイア・ステート・ビルディングのような高い所を訪ねて、自己重視の仕事に右往左往する地上の人間の姿を見下ろすことは、人間だれでも精神衛生上よいことだ。次に、これらの人間は蟻ぐらいの大きさと重要さに見えてきて、見る人に周囲の世界の大きさにくらべて、個々の人間の小ささを感じさせ、人間自身が現実に遠い全能の神の目にはどれほど大きく見えることなのかと不思議に思われるほどである。

自　信

一般の海軍士官は、そのキャリアを、自信に恵まれすぎて始めるのではない。自信というものは、長い間の個人の体験と、職業的知識の増進によって生じかつ促進される。自信は、割り当てられた作業に失敗するかもしれない、という恐怖を払拭するにつれて現われるものだ。自信をつけるには、海軍士官は進んで責任を受容し、個人的には自分の能力以上と考える課題を実施する意思をもつことが必要である。士官は失敗の恐怖の念を与える、一定の任務を回避したい誘惑に駆られるかもしれないが、「ジョーのほうにやらせてください」という衝動を抑えなければならない。「ジョー」は、次にこのような仕事がでてくるときには、そこにいないかもしれない。自信をつけることは、本質的には、各仕事を自己の能力の最善をつくして行なうことを意味する。責任を追及し、失敗の恐怖のために、絶対に責任をほかの者に転嫁してはいけない。たまに失敗があっても、これは一回か二回はだれにも起こることだ、ということを銘記すべきである。はね返す能力、辛い体験によって利益をえる能力、次の仕事を事前の仕事よりもいっそう立派になす能力によって、海軍士官としての個人の精神的成長が築かれるのである。

常識とよい判断

分別、常識、良識、俗識、臨機の才、判断と知恵——これらすべては、それによって知的選択または決定を行ない、または知的結論を下すことができる精神または人格の性質を意味する。常識は、錯覚または感情的偏見なしに、ものごとをありのままに見る天性の能力を意味する。それは、健全で細心、公正で合理的な実際的選択または決定を行なうために個人が有する能力である。他方、判断は、天性の常識の基礎を暗示するが、めったに天性の性質に適用されない。それはまた、確認された事実や条件の知識ならびに明瞭でない事実や条件の弁別など、通常、訓練および規律の結果である知的性質を示唆するが、これらの事実や条件の重要性を理解し、それらから正しい、偏見のない結論を引き出す能力を忘れてはいけない。

人間の賦与された常識の量は、おおむね、出生のときからの固定した量である。しかし、それは、精神的性質であるから、能力の限度まで発達させることができる。この発展段階に達すると、よい判断の下されることが期待される。士官がより多くの知識をえればえるほど、それだけよい判断を下す資格をもつようになる。もともとの常識の量が多く、その判断が高度の正確な状態に到達するときは、分別があり、精神的円熟の頂点をきわめた人といわれるのである。

常識的に行なうべきことは、通常、もっと簡単で、しばしば、もっとも明瞭な事柄である。たとえば、繰り返し規律を違反したかどで、矯正の見込みのない、精神的に劣る応募兵を何度も処罰するのは常識的ではない。このような不適格者は不適応の理由により軍隊から罷免し、より適格者を受け入れるための余地をつくるべきである。だが、その事実を徹底的に調査し、このような思いきった措置をとる前に、その者の職務怠慢の原因究明のためあらゆる努力をはらうのは常識である。

健康、エネルギー、楽観主義

これら三つの性格特性は、明らかに相互に関連しており、ほかから独立して存在しうるものはない。よい健康は、ほとんどの人が失って初めてその有難さがわかる非常に貴重な資産である。よい健康は、かならずしも常に、個人が調整できるものではないが、あまりにも多くの場合、海軍では、この一事に対する不注意のため、あたら有為のリーダーの職務を失っている。なるほど、海軍の士官が四六時中勤務し、おそらくは「目前の仕事」のために当面の健康を犠牲に供さねばならぬ場合があることは事実である。しかし、すべてのあまりにも多くの場合、大きな責任を有するリーダーは、責任の一部を有能な後任者に委譲する原則を学んでいない。それらのリーダーは、自分がいなければ、ものごとが正しく運営されないと考えており、または、職務の観念をはき違い、常時、自分が顔を出す必要があると考えているのである。

艦長または艦隊司令官をして長期にわたる艦隊の作戦を遂行させるエネルギーを保持するため、海軍の士官は、これらの緊急事態に対処するため日常のルーチンな作業を計画し、計画された日常演習計画をもち、とりわけ、作戦命令を読んだり、定例的書類作業を行なったりするよりも、職務から離れて娯楽活動に参加することがより大切である場合があることを知らなければならない。有名な出版者ビー・F・フォーブス氏は、レクリエーションについて次のように述べている。

一年に五二週働く人は、一年のうちの一週間はベストをつくして働かない、と世界最大の精練採鉱一家の長、ダニエル・ベーゲンハイムが私に感銘深い話をされたことがある。……真のレクリエーションは希望を促すものである。レクリエーションの最大の目的は、単に娯楽に興じたり、楽しみを供与したり、「時間をつぶす」だけではなく、われわれの仕事への適性を強め、有用性を高め、実績に拍車をかけることにある。多くの著名な人たちは、その必要とするすべてのレクリエーションを、たとえ精神的努力とされても、一つの活動からほかの活動へ切り替えたり、まったく違った問題を取り上げたりすることを通じて、見いだそうとしている。ほとんど人間の数と同じくらい多くの形態のレクリエーションおよび気晴らしがある。しかし、一般的なルールとして規定できるのは、すべての男子、女子および子供は、なんらかの種類の娯楽を必要とすることがある、……われわれはすべて、生活をよりよくするために戦わねばならない。われわれは、これに成功しようとすれば、ありとあらゆる援助と激励とを必要とする。われわれは、余暇を力に一新させるために利用するか、それとも力を浪費するために利用するかは、決定的な重要性をもつのである。

それから、楽観主義とは何か。エネルギーと健康なしには、楽観主義者であることは、しばしば、きわめて難しい。ある人は、「世界は楽観主義者を愛する」と語っている。楽観主義の人は、問題の明るい側面を眺める人であり、仕事は「一生懸命にやるのだ」という態度を表明し、上司にも部下にも、仕事は「やればやれる」し、かつ、やるに値するものだとの感情を注入する人である。これは、仕事はなぜできるかの理由を見ないで、むしろ、なぜできないかの理由を常に探す、「悲観主義的な不平家」の正反対な立場である。上司、部下との日常接触において努めて楽観主義者たらんとする士官は、いかに楽観主義が人にうつりやすいかに驚くだろう。

〈注〉

⑴ Selected Readings in Leadership, U. S.Naval Institute 1957, pp. 11–16.

⑵ Selected Readings in Leadership, U. S.Naval Institute 1957, pp. 4.

第8章　リーダーシップのダイナミックな特性

前章においては、リーダーシップの「生得的な特性」——経験や環境とともに成長する諸特性——と認められるものについて検討を加えたが、日々のリーダーシップの行使は、一体どうなっているのだろうか。海軍士官がリーダーシップはインスピレーション的なタイプの「一週に一回の仕事」だと考える場合があまりにも多すぎるが、実際には、有能なリーダーが必要とし、希望する成果を本当にあげるには、週の毎日、一日の毎時間ごとに、リーダーシップを実践しなければならない。なるほど、海軍のリーダーシップは制度的な職位にともなうもので、すべての海軍士官はネルソンやファラガット、デューイ、ニミッツまたはスプルーアンスのように有名にはなれないだろう。だが各士官は、リーダーシップの特性を毎日毎日実践し、陶冶することによって、いつでも機会を特権が許せばリーダーの責任がとれるように、みずから「リーダーの役割」に対して準備することができるのである。しからば、ダイナミックなリーダーシップの日々の特性は何かを、次に述べる。

目標の設定

まず第一に、学窓を出たばかりの海軍士官は目標を設定しなければならない——すなわち、航海用語でいえば、現在いる場所からこれから行こうとする目的の場所まで、自分のとるコースを海図に示さなければならない。民間人であれ、海軍士官であれ、成功した人たちは単なる幸運や「偶然の事情」によって成功を収めた者はほとんどいないのである。したがって、順風に乗り、ときおり風に逆らって進む気概や大志をかつてもたない人たちは途中で落伍することになろう。

目標はあまりにも希望が高すぎてもいけないし、また最高最終の目標に到達するには、いくつかの中間目標を設ける必要があろう。しかし、いったんそれぞれの中間目標を達成したら、現下のできごとや現在の事情にてらして、目標を再評価すべきである。それらの短期目標がもっとも賢明なものでなかったと思われるときは、いたずらに座視して失われた機会をくよくよ思いわずらう代わりに、進路を改めて書き直して、それまでに集積した知識や経験を生かすのである。そうすれば、一般に、自分の失われた短期目標は当初思っていたほど大切なものではなかったことを発見するものである。第6章で強調したように、海軍の職務は生活のひとつのあり方である。しかしながら、海軍の生活に関しては、若い士官が海軍のリーダーとしての将来の役割を分析するうえで指針となるいくつかの明確な態度がある。その職業の選択が正しく、士官個人にとってもやり甲斐があるものとすれば、下記の質問に積極的かつ肯定的回答をなすことができなければならない。

(1) 海軍士官としての自分の役割を達成するため、進路を計画し、長期目標を樹立しているか。
(2) 海軍の使命および国家の安全保障のために欠かせぬ海軍の必要性について、海軍の存在価値を信じているか。
(3) 海軍士官としての自分の役割から身にあまる満足感がえられるか。
(4) 自分の職責は、ほんの一週四〇時間の仕事にすぎないか、それとも実際の勤務時間以外でも自分の職責について考えるか。

(5) 海軍の職務についての自分の知識を向上する必要を感ずるか。

(6) 自分の人生観が「ネイビーブルー・アンド・ゴールド」の海軍色を帯びているか。また「海軍には自分のためになるようなものがあるか」という唯物主義的な見地以外の考え方で動機づけられているか。

海軍士官は、以上に関する個人的態度についていささかの疑念をもつとすれば、海軍の職務を一つのキャリアとして選ぶにいたった当初の決定を評価し直してみるのもよいだろう。

熱意と快活

「偉大な事業は、燃える感激をもってそのことに熱中することなしに、成就するものではない」とエマーソンは述べた。熱意は伝染するもので、熱烈な支持者をつくるものである。そして、この支持者こそ、すべての海軍士官が成功するためにもつべきものだ、とバーク大将は語っている。自分の仕事に対する熱意は、その仕事が海軍士官にとって、同様にまた、その上司や部下にとって、いかに重要なものとなるかの大きな決め手となるものである。海軍士官は、各自の仕事に対する燃える感激と熱意とならんで、毎日の人間関係における特別で本質的な性格として、多少の快活さをもつように心がけるべきである。長時間の作戦行動、不眠不休の活動そのほかつらい経験をなめた後に上司および部下に対して快活な態度を示すことは多少難しいことであるが、同僚に対するとげとげしい返事がとげとげしい返事を受けるように、快活は快活を生むのである。三か月の期間にわたって、献身的な熱意と陽気な快活さの二服の薬を服用しようとする海軍士官は、その成果に驚くであろう。

協　力

軍隊において海軍の将兵は、おそらく協力の重要性を忘れるだろうが、翻って少し思いめぐらせば、協力とほかのリーダーシップの諸原則との点の関連づけがわかるのである。海軍の将兵は、毎日の対上司、部下、同僚関係において、協力という技術《アート》を実践する人たちを観察し、次に使命や仕事を達成するために、もっぱら官職の威信にのみ依存するほかの人たちを観察すべきである。傑出した士官と並みの士官との相違は容易に探知されよう。

忠誠心と同様、協力心は上下の垂直の方向に、またひとしく重要な横の水平の方向に実践されなければならない。プラット大将のリーダーシップに関する論文からの次の抜粋文を考察するとよい。

……この基礎原理が、艦隊の編成を築きあげる礎石として、わが海軍訓練方法および艦隊の使用に関する計画のなかに盛るべき基本原理として承認されたのは、理由なしとしない。海軍の戦術に関する最高司令官、すなわち海軍作戦部長にあっては、この原理は、ほかのほとんどすべての士官よりもさらに大きな比重をともなうものである。なぜなら、われわれが行なう戦争の遂行もしくは成否的、わが国の偉大な戦争機関がいかに敏速に、円滑かつ能率的に動き出すかに依存するからである。これを静かに考えることは、わが国における健全なリーダーシップの要素の一つとして、なにが要求されるかについての多少の概念を拾い集めようとするときに、海軍士官が最初に学ぶべき教訓と、その全生涯を通じて補習すべき教訓とを提供することになる。

今日の共同演習をともなう作戦と統合指令に基づく編成とにおいて、協力の原則はもっとも大切なものであるが、指令の各段階においてもっとも頻繁に破られるものである。(1)

敏速、信頼性

海軍士官のキャリアに対する「死の接吻*」は、「信頼できない」というらく印が押されたときに起こるのである。信頼性の第一の要件は、敏速であり、そして敏速はおおむね習慣の問題である。海軍士官は、その社会的約束、義務、仕事のあらゆる面の履行において敏速を期さねばならない。敏速で信頼ができるとのレッテルは初級士官が求めるべきもっとも貴重な属性の一つでなければならない。それは先輩からの信頼感を意味するものであり、緊急事態が発生した場合、当直士官が頼ることができる、という信頼感ほど海上における艦長にとって心強いものはないのである。

訳者注　＊　終極的に破滅をもたらすべき行為―新約聖書、マルコによる福音書第一四章四四―四五

如才なさ

如才なさとは、躾けのよい人間が他人との関係でふるまう技能ならびに品位である。

これはだれでも身につけることができる一つの特性であるが、これを伸ばすために骨折る人はほとんどいない。この特性は、今からでもすぐにすべての接触する人間に対して毎日実践することによって、伸ばすことができる。

如才なさは、人間関係の潤滑油である。他人との交際で如才なさなど不要と考える人は、おそらく自分の六分儀を動かすためにこれを自在スパナ《モンキレンチ》で打つ類いの人間であろう。

如才なさは、愉快であることや、儀式ばること、または単に礼儀正しいことだけによって示されるものではない。如才ない人はたいてい礼儀正しいものだが、礼儀の正しい人で感情の繊細さを欠き、その結果として気転のきかぬ者が少なくないのである。したがって、如才なさは礼儀の正しいことよ

りもっと深く心に食いいるものだ。それはなにがその場にふさわしいか、または妥当か、または正しいかについての、はや直感的な理解力である。それはまた、黄金律マタイによる福音書第七章一二、すなわち、「何事でも人々からしてほしいと望むことは、人々にもそのとおりにせよ」の実践と見ることができ、自分自身を他人の立場におくことも実践と呼ばれよう。それは、とくに人の心をかき乱したり、気にさわることを避けることができるように感情のデリカシー、行為の結果についての経験、他人の動機への洞察、些細なことについての繊細な推理力を意味する。如才なさは経験や他人の観察によってつちかうことができる。

如才なさのもっとも重要な要件は、人間性についての一流の知識である。如才ない人はいかにして同僚と交渉すべきかを知っている。今日の軍隊でも、経験と能力のある士官で、気転を欠くがために、その軍事的有用性が著しく害されている者が少なくない。なぜなら、如才なさは軍隊という機械を円滑に運転させる油だからである。如才なさを欠いている場合、軍隊の機械は不快なきしみ音を出すのである。しばしば、努力にともなう成功は、時間と場所と付帯状況に依存するといえる場合がある。いつ、どのようにものごとを行なうかをほんの少し知っておれば、所望の成果が達せられるのに、そうした知識を欠くと、終極的には失敗を招くのである。

アイデアの創案者が熱心さに駆られて、艦長がなにかほかの心を奪う問題に没頭しているときに、突然艦長のところへもち出したため、いかに多くのよいアイデアが失われてしまったことだろう。

如才ないとは、しばしば意味されるもので、いわないことである。人間はだれしも誤りを免れないものだが、だれかの犯した過失やだれかが経験した不幸について、職務上の必要がないかぎり、言及することは如才ない態度といえない。他人の迷惑になることや不親切な言葉を口に出さないこと。あるいは、激怒または退屈の表現または身振り——たとえばある人が話している間にくり返して時計に目をやること——を控えることは、如才なさを示していることにならない。士官はだれでも、常時すべての人と意見が一致するわけにはいかないが、少なくとも、嫌な感じを与えないで、異なる意見を述べる方法を会得することができる。人間は、正しいときと、正しい所と正しい言葉を選べば、どんなことについても意見が述べられるはずである。

配慮

工具の手入れが不注意だったり、工具を区別なく使用したり、たえず掃除し、研いだり磨いた状態にしておかず、または工具をあたりに置きっ放しにする作業員は、立派な作業を期待することができないであろう。部下に対する思いやりを示さず、不必要に部下を待たせるリーダーには、部下が立派な奉仕をしないだろう。部下は、理由がある場合、またはやむをえない場合には大きな困難にも耐えるものだが、それが権限者の側からの思いやりのなさから出たときには、部下はまったく手に負えない強い相手となろう。

公正

リーダーはえこひいきすることができない。リーダーは、部下の取り扱い、賞罰の付与、好適な作業の許与、難渋な作業の免除などに際して、とくに慎重かつ公正でなければならない。

自　制

人間は、他人を統制する前に、まずおのれを制することを習得する必要がある。フランスの哲学者ディデロは、「他人の心を思うように動かせる人間は、自分の顔色、声音、動作や身ぶりなど、ことごとく制御できる人間である」と書いている。かんしゃくを抑制できないのは旺盛な元気を示すものではなく、心の平衡を欠いていることを物語るのである。

自制心のある士官は、非常事態に臨んで常に冷静沈着であり、けっして冷静または心の平静を欠かさず、あわてず、周囲の人の興奮の感染に影響されない人である。

かんしゃくを起こし、「急に怒り出し」、個人的攻撃を浴びせて部下を非難する人間は、たんに自分自身の感情をあからさまに表わし、他人に対する統制をとる資格のないことを証明するだけではなく、それと同時に、自分自身をおろか者にするものである。

立派な士官は、けっして部下に対してわめき叫んだり、がみがみいったり、あざけりなじったり、または報復したりしないものである。よい士官は、部下に向かって金切り声をあげるとき、部下の尊敬心を失うばかりか、部下に対する真の権威を失うことを心得ているのである。

専門的知識、準備、余暇の利用

一年ごとに海軍部隊はより複雑さを加え、歴史的にも技術的にも、海軍についてよりいっそう知る必要がある。若い士官に対して呈しうる最良の助言は、海軍の職務の全体についての徹底した一般知識および特定の部門――砲術、技術、対潜水艦戦など――についての詳細な専門知識を取得せよ、ということである。だれしも後輩の服従、信頼、尊敬や忠誠的協力をえようとすれば、専門的知識がもっとも重要なのである。事実、部下は指揮官が自分のやっていることを知らないと思う場合には、単純について行かないだろう。

専門的知識は、技術的知識だけを意味するものではなく、それは海軍士官が配属される部署において効果的に任務を遂行するために必要なあらゆる軍務についての知識を含んでいる。第一線士官にとって、このことは、たとえば法律専門家にとって役だつものより大きな意味合いをもっているにちがいない。

しからば、この職業的知識を取得するため、どのように準備をはじめたらよいであろうか。疑いもなく、この知識はたんに大学院へ行くだけで取得されない。海軍の職業は競争が激しく、これを取得するには個人の側におけるたえざる準備と研究が必要である。ダグラス・F・フリーマン博士は、かつて海軍大学の学生に対して、この問題についてきわめて簡潔に次のように述べている。

「若い人は、すべからく寸暇を惜しむべきである。もし諸君が自分の素質を知りたいなら、そして、それを他人よりもよりよく知りたいなら、それにもっと多くの時間を費やさねばならない。そして、諸君がそれにより多くの時間をかけようとすれば、寸暇をもっともよく活用すべきである。多くの専門キャリアにおける凡庸と傑出との差別は、諸君の時間の組織化にある」

進取の気性に富む士官は、人生の若い時代によい文献を読む習慣を養うべきであり、可能なかぎり、少なくとも一日一時間は読書に費やすべきである。この一日一時間は、おそらくそうしなければ浪費されるだろう寸暇をかき集めてつくられるはずである。

率先、計画能力、想像力

率先、計画能力および想像力の諸特性は、実際には、きわめて緊密に入り混じっているので、ほかの特徴の側面を切り離して、一つの特性を討議することはほとんどできないのである。

ウェブスター辞典では、率先《イニシアチブ》を人間の保持するまれなる性質で、命令されないでもなすべきことをなすように促すものと定義されているが、率先は、若い士官にとって多くの事柄を意味するであろう。率先の実践は、若い士官の専門的知識の開発と密接な関連をもつものであり、士官の人格のなかで「無知と積極性とが兼ね備われば災難を招く」といわれるのも至言である。

率先の知的発揮を可能ならしめる専門的知識の開発とならんで、初級士官が積極性を伸長する方法は少なくない。まず、率先はまた正しい仕方を命じられた場合に正しい仕事をなすことを意味する。有能な士官は、数分の余分な時間によって今日なすことが可能である仕事を、絶対に明日まで延期しない。そして、毎日いわれないでなすべき一つの具体的な仕事をするように努力し、部下に対して、その職務を履行するに際して同様のことをなすこの重要性を教育し、印象づけるのである。

初級士官に課される仕事は、どれもちょっとした改善が加えられないほど、きわめて能率的に運用されるものではないであろう。初級士官は、想像力を駆使し、いったん能力の最善を尽くして仕事をなしていることを確認したなら、自分自身の仕事――または、観察の機会があればほかの者の仕事――を改善する新たなアイデアや計画を想像、または思考するように努めなければならない。

想像力と事前に計画し思考する能力とは切り離せないものなのである。だれしも、自分自身の経験のなかで、一つの危機からほかの危機へと難航しているように思われる――けっして組織化されているようには思われない人たちを想い出すことができよう。また、他方では、常に正しい解答と秩序ある計画手順をもっているように思われるほかの人たちを観察しており、このことはいつも運または偶然によるものではないことを認識している。初級士官は、現在の仕事を将来に思いを馳せて計画し、それを改善するためになにができるかを検討し、とりわけ、効率的に実施しようとする場合に、履行または規定すべき要件はなにかを決定する能力を開発しなければならない。

歴史をひもとくに、古来、いくたの戦争は率先して行動した部下、なにをなすべきかを予見し、次いで、それをなすように命じられる必要もなく実行する部下の手によって勝利がもたらされた。責任を有する将校は、すべてのことを見ることはできないし、傘下のすべての部隊と連絡することもできない。このような場合はすべて、ネルソンのいわゆる「艦長の戦い」となり、勝利の女神は一番よい艦長、すなわち率先する艦長をもつ側に味方するのである。ある人が予言したように、未来の戦争では、従来の戦争にくらべて、若い士官の指揮のもとに、より少数の人間集団がより広範に分散配備されるのが見られるであろう。これによって、率先の正しい活用がよりいっそう重要となるのである。

しかし、忘れてならないのは、率先は両側を切る両刃の剣であり、それはいつ、どのように使用すべきかを知らぬ者や、正しく使用しない人の手に渡れば、敵方よりもむしろ味方に対してより多くの損害を与えるのだ、ということである。

決断力

決断力の核心点を強調するにあたって、若い士官は、命令は直ちに、つまり十分な考慮をする間もなく、正確かつ明白な言葉で表現しなければならぬ、といった考え方に陥ってはいけない。このようなやり方は「速断」になり、不可避的に、不幸な結果をもたらすだろう。強調したい点は、重大な決定にかかわる問題について時間がある場合には、士官はほかの者と協議してその意見を汲み、次に慎重に考慮したうえで、命令を受理し実施する者の心理にかならず明快かつ決定的な印象を与えるように命令を発すべきだ、ということなのである。

他方、即時決定および指令が必要なばかりか、きわめて重大な場合があろう。このような場合には、士官は自分自身の知力、よい判断、ときには単なる直感に頼らざるをえない。しかし、いかなる場合にも、命令は勇気、決意、明確性、決心をもって発しなければならぬ。

士官は、もしも疑念がわいたら、想起すべきことがある。それは、なにをやるにも通常いくつかのやり方があるが、まずいプランでも力強く実行されるものは、元気なく実施される最良のプランよりもましだ、ということである。リーダーが命令を出し、次にこれを修正しまたは撤回し、さらに別の命令を出すとすれば、部下はリーダーが果たしてなにを欲しているか、またはその選んだコースに自信をもっているかどうかを怪しまざるをえないであろう。

この優柔不断に関連して、一貫性の問題がある。部下は常に終始一貫の態度を堅持し、気まぐれな行動をとらない上司を評価するものである。世の中で一番働きにくい人は、たえず一つの極端からほかの極端へ移り変わる人である。第二次世界大戦中に、アメリカ海軍はハルゼー大将とスプルーアンス大将という相異なる方法を用いる二人の真に偉大な海軍司令官を交互に用いることによって、戦局全般を通じ日本を不利な態勢におくことができたのである。

このことを汝の敵に対し試みよ——ただし汝の友ではなく。

勝つ意志

有効な海軍リーダーシップに不可欠な最大かつ最後の特性は、勝つ意志《ザウイルツウウイン》である。聖パウロは、これを次のように表現している。「すべてあなたの手でなしうる事は、力をつくしてなせ」

訳者注　旧約聖書、伝道の書第九章一〇

ジョン・ポール・ジョーンズ[*1]は、打ち砕かれて沈みかけていたボン・ノム・リチャード号と呼ばれる前東インド商会の貿易船を明け渡してはどうかと問われた際に[*2]、「いやだ！　まだ戦いを始めてさえいないぞ！」と叫び返した。そしてより薄幸のジェームズ・ローレンスの臨終の言葉は、「船を見棄てるな！　沈むまで戦わしめよ！」であった。南北戦争の全物語は、リンカーンが必要な戦闘気性を備え、勝つ意志を有する一人の将軍を探し求めるなかに見いだすことができよう。

訳者注　＊1　独立戦争における大陸海軍提督
＊2　米英戦争中の一八一三年六月五日のボストン沖の戦い

スポーツそのほかの平和時の試合においては、士官は勝つために努力するが、やはりルールを守らなければならないし、一生懸命にしかも紳士のやるべきようにきれいにプレーしなければならない。勝って「驕らず」、敗けても潔ぎよくその事実を甘受すべきである。下手なスポーツマンシップは許されない。

しかし、戦争はゲームではない。もう戦争が絶対にないことを熱望したいが、もう一つの戦争があることよりもさらに悲劇的なことはただ一つしかない。それは戦争に敗れることである。戦争には、第二位の賞はなく、さまざまな程度の敗北があるのみである。戦時には平和以上に、勝つ意志は、リーダーにおいて、ほかのいかなる性質にもまして、大きな意味をもつのである。

〈注〉

(1) Selected Readings in Leadership, U, S. Naval Institute, 1967, p. 2.

第9章　その他の重要な成功要因

前二章では、有効な海軍のリーダーシップにとって不可欠と認められる諸特性について論じた。しかし、その他の特性、性質、慣行または属性――その呼び名が何であれ――についても考察を加える必要がある。それらはリーダーシップに不可欠の要件ではないが、たしかに、それらを具備し実践する人間のリーダーシップの能力を増強する点で、重要なのである。

部下を名前で呼ぶ能力

長期欠勤の後でだれかから――とくに上司から――名前で呼びかけられることほど、人間の自我を喜ばせるものはない。なお、それによって、若い士官は自分が上司に対して好印象を与えており、上司は自分を思い出してくれるだけではなく、今後もまた引き続いてそうしてくれるだろう、というように感じるのである。

一部の人は、この名前と顔を連想する能力を高度に身につけているようだ。ジュリアス・シーザーは、自己の軍団のすべての人を名前で呼ぶことができたと伝えられている。一つの軍団の兵力は約六〇〇〇人であり、シーザーが数軍団を率いていたから、この話は誇張されたものだろうが、それを煎じつめれば一つのことになる。すなわち、シーザーは素晴らしい、人を識別する能力をもっていた。

部下は自分達の顔を見てすぐ思い出してくれるシーザーが、自分たちの方を見ているという信念のもとに、仕事や戦闘に少しでも多くの努力を傾けたことは、信頼してもよい。

ナポレオンもまた、この同じ人情の機微を高く評価した。軍隊を閲兵中、しばしばナポレオンは一人の古参兵の前に立ちどまって名前を呼び、「おおそうだ！　アウステルリッツで一緒だったね！」などと話してから、妻子の安否を尋ねたり、その他の個人的なコメントをしたりした。もちろん、ナポレオンは前もって副官から十分な説明を受けていたにちがいないのだが、この出来事を聞いた者はすべて深い感動にうたれ、みなナポレオンに対してより忠誠を誓うのであった。

寛　容

寛容の意味を理解する人は、他人との関係にうまく成功する大道を遠くへ進んでいるのだ。職業柄違った人種、皮膚の色、信条の部下を統御しなければならぬ海軍士官のパーソナリティのなかには、狭量や偏見をいれる余地はない。寛容はまた、そのほかの多くのことを意味する。賢い人はいつも心を開いて、他人の観点を理解しようと努め、その見解に寛大であり、自分の考え方を「ただ唯一」の解決策として他人に押しつけようとせず、むしろ他人が本当になにを考えているかを見いだすものである。寛容は、不愉快な状況や条件でも、年月の経過につれて改良されるものや、個人の責任で生じたものではないものを、進んで辛抱することを意味する。寛容は、本来他人の視点に対する真の尊敬を、われわれが十人十色のパーソナリティの持ち主である以上、さまざまな見解が存在することの認識を意味する。ただ独裁的政治形態のもとでは、これとは異なる。

よい聞き手であれ

話すことよりも聴くことによって、どれだけより多くの学習ができるかを理解する人は少ないようである。人間は群居して共生しているから、一般の人は、意識的にしゃべってばかりいたがる傾向を抑制しなければならない。人は、自分自身の会話から学ぶものはほとんどなく、多くの知恵や理解はだれかほかの人が言うのを聴くことから得られるのである。会話をすべて独り占めにする人間ほど退屈な者はいない。ただし、出席者がその人の言うことにきわめて関心を寄せていることが明らかである場合には、このかぎりではない。

コミュニケーションが真に有効であるためには、それは伝達者と受容者の双方に二面交通として作用しなければならない。海軍の士官は、単なる伝達者となることを注意深く避けなければならない。

節　制

節制ということを口にする場合、だれしも考えるのは、もっぱら飲酒の規制である。それは、実際にはあらゆる日常の習慣——とくに睡眠や食事のような身体的および精神的な安定に影響を与える習慣——に適用される。

海軍において若い士官の将来のキャリアを形成するうえでもっとも重要な要因の一つは、いかにして酒の問題に対処すべきかである。しからば、海軍の現状におけるこの問題の実際面について、海軍士官はなにをわきまえるべきであろうか。

ところで、若い士官は、艦内で飲酒し、持ち込み、または他人がそうするのを寛容することは、災難を招くもっとも早くもっともたしかな過程であることを知っているし、または知るべきである。

ある機知に富んだ老齢の大将が、かつて「もう一人の人間が酒を飲みたがっているからといって、絶対に飲んではならぬ」との健全な助言を与えている。そこで、士官はだれでも、飲酒を拒んだために非難されるのを恐れてはならない。たとえ友だちが、一緒に飲むことを拒絶したときに話のわからぬ男と不平をいっても、その信念が名誉ある立派なものであるかぎり、実際にはその友だちもやがて勇気をもって信念を貫く男としてその士官を崇拝することになるであろう。また、士官が絶対禁酒主義者である場合には、海軍の士官なら飲むのが当然の義務との理由で飲み始めてはいけない。自己の立派な信念を貫く勇気をもち続けることによって、海軍士官はいかなる人生航路においても、人に先んじるスタートを切ることになるだろう。

しかしながら、飲むときには、飲酒常習者またはアルコール中毒患者にならぬように用心すべきである。このアルコール中毒は徐々に発生するので、当人はなにが起こっているのかに気づかないかもしれない。だれかがトラブルに巻き込まれないための常識的な基本ルールを次のようにまとめている。

⑴　絶対に一人飲みをするな。
⑵　絶対に就業前および勤務時間中に飲むな。
⑶　絶対に空腹時に飲むな。
⑷　とくに、疲労時に飲みすぎに注意せよ。
⑸　絶対に早飲みをするな。
⑹　絶対に毎日飲む習慣をつけさせるな。
⑺　飲みすぎの気がしたら、たえず動いたり、ダンスしたり、食事したり、談話したりすること——そして、次回にはひと飲み減らすこと。

酒は、飲む者が常習の奴隷となる場合にのみ害悪である。そうなった場合には、あたかも中世のガレー船に縛られたような奴隷となり果ててしまう。そして、その者の海軍のキャリアは早期終焉の運命にある。

弁説の力

スピーチは人々との間のコミュニケーションの主たる手段である。各海軍士官は、書く一語に対して数千語を話すのである。そして、指示や命令、指令を与えるとなると、ほとんど全部といってもよいほどスピーチに依存するのが一般である。したがって、海軍士官は、自己のスピーチが有効であるように適切に配慮する責任を有する。

話し振り

「私が怒ったのは、あの人の言ったことよりも、むしろその言い方なのだ」。疑いもなく、これはだれしも耳にし、また自分でも口にした言葉であろう。だれしも、ほかの人に対して愛する者の死といった凶報をもたらすのに、気楽な浮かれた様子で、または軽率な態度でいうことなどは考えないであろう。不幸な当人はそれをけっして忘れないだろうし、またそれをけっして許さないであろう。

なるほど、これは極端な場合であるが、海軍士官は、しばしば要求の不承認、不合格の通知など、上記より軽微な凶報を伝えたり、そのほかの失敗させるようなニュースを知らせたりしなければならない。これらの情報は、常に心からの悔みをもって、またその場にふさわしい見舞いや激励の表現を用いて伝達すべきである。そのなすところが何であろうとも、かりそめにも、他人の不幸を楽しむような、またはそれに冷淡で無頓着な印象を相手に与えるべきではない。逆に、人のめでたい祝辞をいうときは、しぶしぶではなく、心から祝ってやるべきである。仲間に対して祝意を表わさない、述べかたの好例は、次のようないい方をすることである。

「抜擢されたことはわかるが、うぬぼれないことだよ。同期生は九七パーセントも昇進しているからなあ。これから先が骨の折れるところだ！」

士官は、部下がなにかを不十分または不適当にやったかどで、部下を叱責したりそのほかの責任を問う必要を認める場合には、屈辱感を与えたり、「罵倒」しようとする態度ではなく、教えて正すという態度をとるべきである。このような場合、よく選ばれた二、三の言葉のほうが、常に長たらしいお説教よりもよい。

口頭による命令

指令を出すために一番多く用いられる方法は、口頭による命令である。命令は、一定の作業を実施するために後任士官に出される指令であるが、かならずしも仕事を完成する方法を明示する必要がない。実施方法は通常、先任士官が初級士官に満足な方法で命令を実施する資格があると思う場合には、後者の自由裁量に委ねられる。

すべて命令は、二つの要件を充足しなければならぬ。すなわち、それは、(一)目的を明示すること、(二)受領者が理解できることを要する。当直士官は、モーターボートの艇長に対して下記の命令を与えることができよう。

「艇長、オールド・ポイント・コンフォートにある将校用上陸場へ行き、当直中尉を乗せて本艦へ戻られたい。中尉が到着時に乗り場にいないときは、一六時までに乗り場を出発して、本艦へ戻ること」。

この例では、目的が明示されてあり、すなわち中尉を本艦へ連れ戻すことである。目的のほかに、命令の内容がボートの艇長に明示されており、艇長は正確にどこへ行くかを知っているばかりでなく、帰りの出発時刻も知っている。

不注意な当直士官なら、この同じ指令を次のように表わすことも考えられる。「艇長、オールド・ポイント・コンフォートへ行って、当直中尉を乗せて来ること」。この場合、中尉を乗せた後でどうすればよいかを指示していない点で、目標が明示されていない。全体としての状況は、艇長にとって混沌としている。というのは、艇長はオールド・ポイント・コンフォートにおける具体的な乗船地点を明示されないし、中尉が遅刻した場合、どれぐらい待つべきかについても知らされないからである。

前記の例から、命令を与えるに際して完全な明瞭性の必要なことが理解されよう。命令を出す者は、それを受ける者にはっきり聞こえるだけの大きい声で命令を出すことを確認すべきである。よい士官は、いま出した命令がはっきり理解されたかどうかを部下に尋ねる習慣をつくる。そして、賢い士官は、部下が命令を正しく履行しない場合、部下が過失を犯したと速断せず、自己の下した命令が完全に明瞭であったか否かを確認すべきである。

集団の前で話すこと

海軍士官は、ほとんど全生涯をほかの士官および下士官兵に対して行なう指示や教育に費やす。この指示や訓練の多くは、装填演習の大声疾呼の指令訓戒から、静かな雰囲気の教室にいたるまで環境の変わるなかで、口頭により行なわれるのである。これゆえに、英語の正しい知識と使用は、こうしてよき海軍のリーダーシップの要件となるのである。

士官は、明瞭かつ簡潔な言葉で表現することを習得し、みんなが理解できる言葉で話す能力を磨くように努力し、要点を伝えるために簡単なスピーチでも、あらかじめそれを準備する時間をとるようにしなければならない。ときには、即席スピーチを行なう必要があるが、この場合でも、なにを話そうとするのかを話す前に考え抜くことが可能である。

スピーチを行なうにあたって守るべき重要な基本原則は、だれもが理解できる言葉で、速やかに要点を伝えることである。一〇語で足りる場合、けっして五〇語を使ってはいけない。

また、手許の主題からそれないように用心すべきである。立派な一連の思考でスピーチをはじめてから、途中で脱線して思考の流れを中断することほど、早急に話し手の効果を損なうものはない。話す前に少し考える間をとることは、うまくいく実践法である。次に話したいことを考えるために間をとることは、単に話し続けるためにおろかなことをうっかりしゃべることよりも、恥ずかしいものではない。

アマチュアが自分の考えを伝えるうえでの一助として、その要点を次に掲げる。

(1)　すべての出席者にあなたのいうことが聞こえるかどうかを確認する。

(2)　聴衆が理解できるように、十分ゆっくりと話す。

(3)　話している間、聴衆を直視する。経験ある話し手は、目前の聴衆の顔を見つめることによって、聴衆が自分の話に興味をもっているかどうか、自分のメッセージが理解されているかどうかを判定できる。

(4) あなたの声音を、あまり芝居じみることなしに、あなたのパーソナリティの許すかぎり多彩かつ効果的ならしめる。

(5) 身体を動かし、身振りをして、話の要点を強調する。ただし、過度に動かすとスピーチの効果を減少させる。

(6) スピーチ中に外部の妨害によって聴衆の注意が転じないように確認する。

(7) 話し方を慎重に計画すること。なにより、読み上げないこと。ただし、読むことを前提として、読み方に自然の話し振りが与えられるように、たくさんの稽古がなされること。

(8) スピーチを最小限の時間——要点を伝えるだけの長さ——にとどめる。スピーチは、絶対に三〇分を超えてはならない。

(9) 要点を例示するために、個人の体験から面白い例を引用する。

(10) 冗談に注意する。特別の才能のないかぎり、コメディアンになろうとしてはいけない。

一般の人は、集団の前に起立して演説をする、ということを考えただけで嫌気がさすものである。だが、それは海軍士官がなすべき仕事である。そして、この公の席で話したくないというためらいを克服する唯一の道は、現実にそれをすることである。

この点をいくら強調してもしすぎることはない。海軍士官は、集団の前に立ち上がってスピーチをするあらゆる機会を歓迎すべきである。個人の話し方の能力を伸ばすために、特別に組織された一定の「スピーキング・クラブ」を利用したり、加入すべきである。このような組織で、毎日盛んになりつつあるもののよい例は、「トースト・マスター」の組織である。ほとんどすべての海軍の基地には、スピーチクラブが組織されているし、一定の戦闘艦艇でさえもスピーキング・グループが組織されている。

海軍士官の直面する話す仕事の典型的な例は、自己の分隊の艦艇の周辺および上陸許可の服装などの外観について非難された場合である。分隊長は全分隊に話しかけることによって、より有効に事態を矯正すべきであろうか、それとも常に上等兵曹に話すことによって事態を収拾すべきであろうか。このような類似の事態のもとでは、話すことによって自分の考え方を有効に表現できる士官は、別個の利点をもつのである。この「全員」接触は、各人が同時に同じ情報を受け取る点において、より有効である。当然のことながら、全員に対する話は、全員に関係する事態においてのみ、使われるべきである。しかし、このような「全員」との話は、やりすぎてはならないし、けっして頻度が多すぎても時間が長すぎてもいけない。

会　話

正確なスピーチは、興味ある知性的な会話の能力と相まって、男女のもっとも大きな資産の一つをなすものである。

正確なスピーチは、個々の単語からはじまる。そして単語にあっては、もっとも重要な要件は発音である。単語の不正確な発音に対する立派な弁明はめったにありえない。言葉の乏しいことや思想表現の流暢さを欠くことは看過できようが、単語の発音を誤ることは、知識人の会話においては恥の上塗りとなる。単語の発音についてはっきりしないときは、それを正確に発音できるまで避けるべきである。

次に重要なのは、発声である。各単語は正確に発音すべきなのはもちろん、はっきりと明確に発声すべきである。下手な発音は、通常個人の側の訓練の欠如、不注意および無思慮が原因である。随時自分自身のスピーチを意識的に傾聴して不注意な習癖の発見と矯正に努力することは、すぐれた練習方法である。たいていの艦艇や基地には、テープレコーダーがあるから、そこで士官は準備されたスピーチを吹きこんでから再生することができる。結果が当該個人を満足させるか当惑させるかはともかくとして、啓蒙的であることは必定である。

俗語《スラング》の過度の使用は、教養のある人たちのあいだでは、悪趣味とみなされる。俗語でもなみなみならぬ意味を表現するものや、例外的に賢いものは適当な場合使用してもかまわないが、すでに長いあいだ本来の意味を失った俗語や会話的表現を引き続き使用することは、言葉の狭さと乏しさのたしかな証拠である。

神を冒涜する不敬な言葉や、わいせつな言葉は、常に海軍士官の話のなかではふさわしいものではない。これらの言葉の使用は、かならず、フォロワーの目から見て、リーダーの威信を低下させるものである。士官が神をののしる言葉を用いたり、冒瀆の言葉をもてあそぶのは、正しい言葉で力強く表現することができないためである。しかし、こうした言葉は、けっして聞く者に感銘を与えるものではない。ふだんの会話で、男子のみの出席する場合にも、卑猥な言葉はめったに好意をもって受け入れられず、その使用は通常話す人の側の機転のきかなさ、思慮の足りなさを実証するものである。怒りにまかせて、または他人を侮辱し下劣ならしめる意図に出て使用した場合には、それは礼節と自制とに欠けることを示すものである。その行為は正義と善良な風紀のすべての原則を侵害するものであって、海軍規則にもとづく懲戒処分の理由とさえなりうるのである。

他面、面白い聡明な会話をするには、とりわけ、文献との幅広い接触と、時事問題に対する精通が必要である。いずれの海軍士官も、毎日一定の時間を読書や研究に献げることは益するところが大きい。これらの読書において、たんに地方的重要性をもつ出来事はもちろん、国家的、世界的諸問題に対する関心をつちかうべきである。専門家が日程に上るかに思われるが、海軍士官は、今こそ広い識見と全世界の人類の問題および活動に対する潑剌たる共感と関心とを保持するように努力すべきである。

このゆえに、各士官は、そのレクリエーションの時間の一部を良書の読書に割くべきである。読書も一つの習慣であり、そしてすべてのよい習慣と同様に、それを取得し維持するには実践を要する。

書き言葉対話し言葉

書き言葉は、話し言葉が消滅したあと永いあいだ存続するものであり、このために、その使用にはよりいっそうの注意が必要である。場所、事情、ほかの出席者、声音の調子、顔の表情および身振りなど、ちょっと二、三挙げただけで、これらすべてが話し言葉に特別の力点と修正を与えるが、それは書き言葉、少なくとも公式の通信文書には、めったに付与されないものである。粗野な話し言葉は見すごされるか、忘れてしまうかもしれないが、文書による同じ言葉は、再三浮かび出ては書いた人に対抗することになり、だれかの心のなかに怨恨となってくすぶることにもなりかねない。書き言葉は、書く人がそれとともに生きながらえたいと思う言葉であるように、細心の注意を払って選ばなければならない。同様に、士官がだれかを表彰し感謝したいと思うときは、書き言葉がより多くの比重をもつし、さらに、それは他人にも、誇りをもって、後の日までも見せることができる。士官は、部下の行為が表彰または感謝に値するとみなしたときはいつでも、明敏と礼節とをもって、士官ならば初級士官の適性報告書を作成する担当官、また下士官ならば軍務記録を保管する担当官に対して、表彰状または感謝状の写し一部を送付すべきである。海軍では個人の過失は軍務記録に記入されるから、賞賛に値する行為も同じ取り扱いを与えられることが、きわめて公正である。

有効な文書

有効な口頭によるコミュニケーションとならんで、海軍士官がどの程度に簡潔にして明快な文章での表現技術および能力を伸ばすかは、海軍士官としての成否に影響を与えるところが大きい。そうはいっても、各海軍士官が職業的作家とならねばならぬというのではなく、それとはまったく別なのである。しかしながら、先任士官が受諾できるように、自己の考えを書く技量を伸ばすことは、決定的に重要である。

たとえば、下記の文を読む者は、これを簡潔かつ明快な文章の例と考えるであろうか。

「苦情本人と面接する具体的技術は、審議中の苦情面接の基礎母体たる新規構成要素に対する補助的マトリックスとみなさなければならない。これらの要素を関節切断できないことは明白である。われわれがこれを分離して述べるのは、ただ提示の容易のためであり、それらはからみ合った相互関係にあることは明瞭に認識されるところである(1)」

この場合の欠陥は明白であろう。

それならば、どのようにして文章力の技量を伸ばすのだろうか。

第一に、練習と研究によって、英作文の基本原則のしっかりした基礎を開拓し、そのうえに、洗練された語彙を習得しなければならない。

第二に、たえざる研究を通じて、新たなアイデアの発生と論理的推理力または思考力の発展に役だつ陸海および関連部隊の事項についての知識の増強に努めなければならない。

第三に、とくに新しいアイデアがいわば「舟をゆさぶる」ような斬新かつ急進的構想である場合、そうしたアイデアを提出するにあたってどの程度までにとどめるかがわかる限度に、自己の上司のパーソナリティを知っておかねばならない。上司宛の新しい考えや書簡を書きあげるとき、初級士官は単に同書簡をサインすべき人と自分自身とを同一視すべきであって、けっして自分自身のパーソナリティを諸書簡のなかに投影すべきではない。しばしば、初級士官が自分の得意の通信文書を上司からサインしてもらうことがいかに難しいかについて不平を洩らすのを耳にするのであるが、同時に、ほかの士官はなんらの支障なくその文書を同一の上司からサインしてもらっているのである。もちろん、真の秘訣は、後者の士官が自分独自の得意の計画を押しつけるのではなくて、自分自身と上司とを同一視して、上司のパーソナリティが承認するだろうと思われる考えを書いていることである。この違いはきわめて重要である。それは後者の士官が、「イエスマン」であるということではなく、それは初級士官が上司のパーソナリティを知り、上司の目を通してものごとを見ようと努めることの必要性を強調しているのである。

〈注〉

(1) Personnel and Guidance Journal, March 1958, p. 473.

第10章　人間関係《パーソナルリレーションズ》

人間関係とは、初級士官が対上司、同僚、後輩関係およびこれとひとしく大切な対一般市民関係に日々関与することである。一つの関係がほかのそれよりも重要であるというのは、まったく相対的なものであるが、一般的には、海軍士官のすべての人々との関係は、もっぱら、海軍士官としての全体の有効性を決定することになる。青年士官は、当面ある関係がほかのそれよりも重要と考えるだろうし、一部には、一つの関係すなわち対上司関係のみしか考えぬ士官もいる。しかしながら、この一方的関係のみを実践する士官はやがて先輩、後輩および同僚によく知れわたるようになり、その行動に相応のレッテルを受けるにいたることは、言うまでもない。

青年士官が、人間関係をうまくやっていく研究への新しいスタートを切るに際しては、さきに『合衆国沿岸警備隊マガジン』に発表された内容を吟味してみるにまさるものはないだろう。「一三の過失」というタイトルのもとで、沿岸警備隊は一三の落とし穴について強い警告を発しているが、それは次のとおりである。

(1)　自分勝手な善意の規準を設けようとすること。
(2)　他人の楽しみを自分白身の物差しで測ろうとすること。
(3)　世間の意見の画一性を期待すること。

(4) 無経験を酌量しないこと。
(5) すべての気質を同じ型につくり上げようとすること。
(6) 重要でない、ささいなことがらについて譲歩しないこと。
(7) 自分自身の行動に完全を求めること。
(8) つまらぬことに自分自身また他人についてくよくよ思い悩むこと。
(9) 場所のいかんを問わず、助けることができるときにだれも助けないこと。
(10) 自分自身が実行できないことを不可能と考えること。
(11) われわれ有限の心で捉えうるものだけしか信じないこと。
(12) 他人の弱点を斟酌しないこと。
(13) その人をつくり上げるのが内部の質的基準であるのに、外部の質的基準で評価すること。

よく観察しない士官は、疑いもなく、例のきまり文句として、このリストなど歯牙にもかけないであろう。しかし内省的な士官は、それが同僚との関係における強い精神生活の成長にとって重要な、ほとんどすべての原則を保証しているために、積極的な行動のもつマイナスの指針として受けとめるであろう。[1]

他人に対する関心

パーソナリティの一つの定義は、「人格的および社会的特質の卓越または美点、すなわち魅力的な人間的資質」である。パーソナリティをもたぬ人々は、それは要件ではないが、世界の真の偉大なリーダーは、それなしにはリーダーの地位を獲得しえなかった、という。しからば、一部の人たちをほかのすべての者の上に頭角を表わせしめるこの資質はなにか、と人は問うであろう。

さて、パーソナリティの定義の一つは、それは集団に話しかけていてもそこにいる各人が自分一人に話しかけられていると思わしめるような能力、とされるだろう。この才能は、リーダーの貴重な属性であるが、それを獲得する方法は、次の単純な事実を理解するのと同様に、困難ではない。

各人は、自分自身にとって、この世でもっとも重要な人間である。「私がこれをするのを見て」という言葉は、個人がそういうことが社会的に通用しないと悟る年配になるまで、幾度も繰り返される文句である。それから後は、この関心を求める欲求を充足するためにさまざまなタイプの行動に出る。それは、ある人では、「うぬぼれ屋」の見せびらかしとして、またある人では、成果を示そうとする真面目な努力となって表われる。ともあれ、このような傾注された努力は、認知を求める人間固有の欲望を満たすためである。このもっとも基本的な心理的欲求は、いやしくもリードすることを望む者によって想起されなければならない。

ほとんどすべての過去の偉大なリーダー、たとえばリンカーン、ルーズベルト、アンドリュー・ジャクソンは、いわゆる「共通の感触」の持ち主であった。彼らは、だれと接してもまったく人間的であった点で偉大な人物であった。彼らは、対人関係がきわめてうまかったがゆえに、高位へのぼったのである。人びとは彼らの存在に慰安を覚え、歓迎の喜びを感じたのである。

この人びとの心を引きつける不思議な魅力は、個人としての各人に親しい関心を無私的に示したことにほかならない。それは、将校が毎日部下の一人に挨拶するときの、温かい、心からの「おはよう」という言葉、あるいは仕事はどう進行しているかについての質問にすぎないかもしれない。つまり、要点は、上司からのこのような心からの関心が、部下に個人としての重要感をいだかしめるということである。それは、部下に対して、自分が個人として認められていること、上官は自分を注目する時間をかけるほど重要視していることを示すものである。この個人として他人を見る関心は、理解の共通の場につながる。リーダーは、なぜ個人がそのように反応するのかを見いだすことができ、したがって、部下との対人関係をよりよく扱うことができるものである。部下がどのように感じているかを見いだすことによって生まれる、このような理解は、リーダーに対する部下の信頼を育てるための第一歩である。結局、いかなる人間の意見でもまったく無価値ではないのである。止まっている時計でさえも、一日に二回は正しい時刻を示しているのだ。

同様に、リーダーに対する信頼は、部下が個人としてもっているリーダーについての知識から生まれる。部下が自分たちの欲求をリーダーが知っており、自分たちのためにリーダーがなんでも可能なことをするであろう、と思うときに部下の信頼が確保されようが、信頼の全体の基礎は、リーダーがいかによく部下の問題を知っているかということである。

海軍士官は、リーダーとしての資格において、困難な仕事、すなわち人間と対処するという仕事に基本的に関係するのである。その対象が上司、同僚、または部下であるかを問わず、士官はたえずこの課題と取り組んでいる。一緒に働いている人びとの完全な協力を得るため、これらの人たちとうまくやっていかなければならない。あたたかい友好的なパーソナリティをもつリーダーは、接触するすべての人に組織の誇りを植えつけるのであるが、それというのも、すべての人に自分はみんなと同じ組織の一員であることを喜んでいることを感じさせるからである。こうした感情、同じ集団のほかの人々とを誇りに思う気持こそ、団結心《エスプリ・ド・コール》の不可欠の要素である。

人々はあたたかい微笑をたたえ、心からの挨拶やかたい握手をする人に無意識的に心が引かれるものだ。それはなぜだろうか。理由は簡単である。そうした人は、これらの行為によってほかの人々に対する関心を示し、会うことを喜んでいるように思われ、それらの人に、それが社会的集団であるか軍隊の集団であるかを問わず、集団への帰属心をいだかしめるからである。

では、その結果はどうだろうか。一つには、ほかの人は尊敬と関心に報いるのに同じような尊敬と関心とをもってするようになり、以前には扱いにくかった者であったとすれば、こんどはまったく違った視点、すなわちあなたの視点にてらしてものを見はじめることになるのである。なぜならば、個人としての部下に関心を寄せるというこの事実によって、部下は自分のアイデアもまた大切なのだ、と感じることができるからなのである。

そこで未経験の士官の脳裡に直ちに浮かぶ疑問は、「どうしてリーダーは部下に対して友好であり、なおかつ、部下からリーダーを尊敬し、命令に服従してもらえることができるのだろうか」ということである。

この疑問は、友好と親密の違いをわきまえぬことからでている。部下と親しく語らい、その問題に対する関心を示すことによって、海軍士官は部下の信用と尊敬とをいささかも失わないのである。部下はそのことをリーダーに期待しており、リーダーが部下の「相棒」ではなく、そのカウンセラーおよびガイドであること、そして、部下を個人として認めることを期待している。

だが、部下の尊敬と信頼はけっして命令によってえられるものではなく、努力でかちえられるものである。これをかちえる唯一の方途は、士官が部下とその問題、部下の能力とその限界を知ることである。このことは、士官が部下たちのカードのゲームに参加し、または部下と一緒に上陸することによってなされるのではない。それは部下が士官から期待するような対人関係ではない。しかし、部下が自分たちの将校が友達のように近づきやすいことがわかれば、やがて将校に相談と助言とを求めることになる。そして、そこに本当のペイオフがよりよい努力、よりよい業績となって返ってくるのである。

部下に対して友好かつ関心を示すことは、士官がなんらかの形において、規律を犠牲に供することをいうのではない。部下に対して公正で、理解があるかぎり、必要に応じて、厳格であってよいのである。

また、士官や部下が指令系統の統一をバイパスするための扉が開放されている、と思う理由はないのである。双方ともに、あたたかいパーソナリティに対していかに反応するかを本能的に知ることになる。

常のことではあるが、上役の士官が示す親しい関心を誤解し、これを利用しょうとする少数の部下がいるだろう。しかしながらこれらの者は、そうしようとはしない人たちにくらべて実際きわめて少ないし、この場合、慇懃ながら、確固たる抑制によって、やがて人の好意につけ込む人たちを正道に戻すことができるだろう。

もし成功するリーダーシップの行使に対する一つの鍵がありうるとすれば、それはおそらく公正《フエアネス》であろう。公正は各士官が、等級序列と関係なく、細心の注意をもって守るべき一つのことがらである。部下は常に公正な権利をもつすべてのものを得たいと思うものであり、それを願望するのみならず、期待するものである。それがよく用意されたごちそうであるか、よい港における上陸許可であるか、割当て以上の仕事を強制されぬ配慮であるか、または必要なときにマスト下へ集合させられることであるかを問わず、部下は将校に対して自分たちの問題に人間的な興味と関心をもつことを期待するのである。そして、将校のなしうることで、これよりも大きい報酬をもたらすものはないだろう。

同僚との関係

軍隊での同僚は、階級や任務や経験の同じまたはそれに近い人である。それは、海軍士官にとってもっとも多くの個人的接触をもち、自然一番気やすい間柄の人間である。この関係は士官の生活の大部分であり、上司および部下に対する関係よりもはるかに多くの時間を占めるので、この問題を多少詳しく検討するほうがよいだろう。士官のなかには、この関係の重要性を忘れ、自己の価値はリーダーとしての能率とフォロワーとしての忠節とによって全面的に測定される、と思う者もいるかもしれない。しかし、士官の同僚および協力者こそ、士官をもっともよく知る者であり、その意見が士官の「業務の名声」を確立するうえでの最大の要因であろう。

同僚を助けること

ある著名な海軍士官は、次のような趣旨のことを述べている。「もし海軍において成功への一つの道を選ぶとすれば、乗組員仲間や同僚を助けようとする願望と努力こそ、唯一最善の道となるであろう」。感謝はふつう消えやらぬものであり、同僚に与える援助はけっして忘れ去られないであろう。この成功へのアプローチはできるだけキャリアの早期にはじめるがよい。他人を助けることを嬉々として行なう士官は、当然、自分の時間をつぶすことを経験するかもしれない。しかし、それは立派に費やされた時間である。

協力対競争

軍隊生活では、常に集団のモラル、規律および団結心を育成するにあたって競争心の価値を強調してきた。競争は「自由企業」ないし資本主義経済制度の生命を与える血液とみなされ、個人は競争心が生まれる焦点と考えられている。

最近、昇進選考委員会は、数百番号だけ昇進線を下方へ下げて、同僚やすぐの先輩よりもはるかに抜きんでていると思われる一定の士官を抜擢し、同僚よりも二、三年だけ昇進を早めたのである。この慣行は、支持者の間から、若手士官は昇進の梯子を昇るにあたって「競争心」を注入されねばならず、「当面の同僚と一緒に老化してはならぬ」との理由によって正当視されている。

だが、この過当競争の哲学には、とくに競争心の成果が部隊より個人へと移る場合、一つの危険が内在している。個人の士官がこの落とし穴に極度に注意していないと、その努力が部隊や海軍制度の目標よりもむしろ、個人の成績や個々の目標へ向けられているのに気づくだろう。史上いかなるリーダーも、同僚、部下および上司の援助と協力なしには、使命を達成し、不朽の成果をあげることはできなかった、ということを忘れるかもしれない。

士官としてだれもが、同一ランクとほぼ同じ勤続年数の士官の部下として働くことになるかもしれない。しかしながら、士官はこの先任士官に対して、海軍の機構におけるその先任士官の占める職位のために、完全な忠誠と協力をささげなければならない。たとえ後任士官が先任士官の方法に同意することができないとしても、この同僚に全幅的な協力を与えるのが初級士官の職責である。先輩が責任者であり、後輩は責任を負わないからである。海軍士官は、制度としての海軍に対する信頼をもたなければならない。すなわち、自分が経験と判断を伸ばすにつれて、海軍はその報酬として指揮権と責任を増大させてくれるだろう、という信頼をもたなければならない。海軍士官は、たしかに、自分が海軍における最低のポストに配属されていると思うときもあるだろうが、海軍における各ポストは個人が自由に選択できるものではなく、どの士官も希望しないポストがあるはずである。だが、制度としての海軍のニーズは、個人のそれに優先する。士官は、特定の経験または即時可能性のために、そうしたポストに選考されたのである。次の文章の意味合いを考察するとよい。

ファラガット大将は、その人間としての優しさは一六年間にわたって病身の妻を献身的に看護したことにも示されているが、職業的な考え方や行動においては唯我独尊であったため、海軍の内外においていわゆる「出世主義者」として失格者とされた。提督は、任命されたポストが名をあげるに適さなかった気がしたことが主な理由で、上司とひどい争いをした。南北戦争が同提督の機会を与えたのである。(2)

司令官はふつう、そうする義務はないとはいえ、なにをどうなすべきかについて同僚から提案を請うものである。しかし、あえて同僚の助言を求めないとしても、同僚に対してなんらの他意があってのことではない。士官はだれでも同じ立場におかれたら、同僚に助言また援助を求めるのは、実際的でないことがわかるであろう。ともあれ、海軍で官職を奉ずる士官は、たとえ部下より士官番号が一番だけの先輩にあたる場合でも、全責任を有するのであって、その補職がはるか番号の多い先任士官で占められているとみなして、それと同様の忠誠と尊敬を部下から受けるべきなのである。

上司との関係

本書はもっぱら初級士官のリーダーシップの能力改善に資することを目的としているが、各海軍士官は、少尉であるかまたは将官であるかを問わず、常にリーダーであるとともにフォロワーである。個々の士官は常にひとりの先任士官に対して報告の義務を負い、後者は前者の行為に対して責任を有する。各海軍士官の公式記録は、フォロワーとしての価値のきわめて正確な尺度であるのに対して、評価する先任士官が初級士官と身近に接していない場合には、初級士官のリーダーとしての真価を知り、または認めることができないかもしれない。

この点を救う要因は、最良のフォロワーは通常最良のリーダーである、ということである。このことは、フォロワーたる初級士官が交際するのは将官であるか、または一般水兵であるかを問わず、初級士官が人間関係の問題に関心を寄せていることと、この問題に精通していることからでていることはたしかである。なるほど、この論にも、すべての一般論がそうであるように、例外があろう。しかし、海軍大将とうまくやっていける者は、通常、一般水兵とうまくやっていくために同じ苦労をはらうものなのだ。軍隊の名士官は、他人を指導する権限を委ねられる前に、リーダーに帰属しその期待を裏切らぬような、忠実なフォロワーであらねばならない。海軍士官は、その全経歴を通して、課業を正確に完成するであろうとの疑いもない想定のもとに、たえず先任士官から仕事を与えられるのである。

正しいスタート

若い士官が上司に与える第一印象の重要性は、いくら強調しても強調しすぎることはない。はじめて新しい勤務に出勤する場合は、かならず最良の肉体的、精神的状態で到着するようにすべきである。なかんずく、時間どおりにしなければならない。通例は、朝の当直交替前に新任務に報告することであるが、報告する士官は、もし前日の午後に到着すれば、艦のルーチンな手続きがよりよく受け入れることができることがわかるであろう。しかし、命令された報告日のどの時間にでも報告するかぎり、遅れたことにはならない。ときおり、勤務時間の旅行時間がきわめてかぎられていることもあるだろうが、この場合には、命令書に示された日の夜半までに到着しさえすれば、非難を受けないだろう。

だが、若い士官は、報告に遅れる万一の機会をうかがう余裕がない。艦には、賜暇の許可期限を超えて遅れたわずかの時間内に出航する意地悪い習慣があるらしいからである。そのような場合には、本艦に到達するまでにかなりの時間がかかり、そこでは、かならずや最小限正式の訓告処分を受けることとなり、その士官の名誉と経歴はそもそものスタートからだいなしにされるのである。

もちろんときには重病、もしくは怪我などの情状酌量がある。それらの事情のもとでは、当該士官は、任命書を出した司令部から応急休暇をもらうように申請するとともに、命令された赴任部隊にたえず十分事情を通知すべきである。

艦船で新任命の報告をするにあたって強調すべきは、士官は常に制服で報告すべきことである。

自己の上司を研究せよ

初級士官が仕える上司は、駆逐艦の艦長または巡洋艦または空母の分隊長である。その地位は何であれ、上司は指令系統における直接先任士官であり、部下士官の報告書を作成するために採点し、または採点に勧告を与える者である。適性報告書は各士官の経歴の永久記録であるとともに、各等級への昇進選考のよりどころであり、一定の任務配置のうえにかなりの比重をもつので、各士官は常時最善をつくすことがきわめて賢明である。

この上司は、言葉のあらゆる意味で優秀な海軍士官であるかもしれない。その反対に、もっともこれは部隊ではまれな例であるが、個人としての部下に無関心で、ただ部下が仕事をうまくやっているかどうかのみに関心をもつかもしれない。たとえば、部下の個人的な反応を考慮しないで命令を出したりすることもあり、より立派な指令やリーダーシップのテクニックを率先して使えば、部下はより多くのよりよい仕事をするであろう、ということを忘れてしまっていることもある。

だが、このような場合でも、初級士官に対する補償はあるものである。というのは、士官は、ここに自分自身が上司になったとき何をなすべきでないか、お手本を見ることができるからである。その間、士官は逆境のもとでいかにしてよいフォロワーとなるかを習得することによって、自分自身のリーダーシップの技術を改善することができる。個人的に状況をコントロールできる範囲で、上司を満足させるべく最善をなすことができる。「老犬は新しい芸を覚えない」とは古い諺であるから、若い士官は、できうるかぎり上司の観点からものを見るように努めるがよい。それができれば、ほかに先んじて上司を満足せしめることになろう。

先任士官のなかには、正確な航海上の言語についてのやかまし屋と思われる人がいるものである。ちなみに、航海用語には、非常に厳格な官庁用語ではなくて海軍の司令部における立派で健全なテクニックであるものもある。その場合、とくに上司宛の書簡や書類を作成する場合には、正確な航海および海軍用語や表現のみを使用するようにきちょうめんな注意をはらうのは若手士官の責任である。そして、文書作成の事項で上司を満足させる一つのよい方法は、当該オフィス・ファイルにある上司のこれまでの文書を研究することである。

さらに一例をあげれば、初級士官が駆逐艦の給食主計官として勤務し、艦長が豆が大嫌いなことに気づいているときに、あまりにも頻繁にそれを出すのは、ただただ気転がきかないというほかはあるまい。

以上はすべて、気転と適応性の原則を上司との関係に適用したものにすぎない。

スタートを急がぬこと

新任士官ははじめて艦上での挨拶にあたって控えめにすることが大切であるが、その重要性を強調するために、たまたま非常に立派な士官によって指揮されていた駆逐艦に任命の報告をした若い士官の例を示すことがもっともよいだろう。その艦の名声はすばらしくよく、さまざまな艦隊の競争で群を抜いていた。艦長は駆逐艦の経験数年の履歴の持ち主で、海軍での評判が一番よいのであった。

ある日、一人の中尉が同じ艦隊のほかの駆逐艦で六か月の任務を終えて、この駆逐艦に任命の報告をした。艦長そのほかの全士官の出席した士官室での最初の食事の間、この新任士官は会話を独り占めにし、能率的な駆逐艦のうんちくを傾け、いま別れて来た駆逐艦をいかに改良したかを述べた。さらに進んで艦長に助言し、一同に対して自分を艦に迎えたことはみんなにとって幸運であることを印象づけようとした。後で判明したことだが、それが中尉にとって艦上での最初にして最後の食事となった。というのは、艦長がその日の夕方早く、若い士官が荷を解くいとまもなくよそへ行くように命じたからである。

後年、この同じ若い士官がきわめて有能なリーダーとなった。かつて艦上で乗組員にはっきりいったような立派な士官となったともいえるが、その際に、またそのほかの折りに示したまったくの気転と謙虚さとを欠いたことがこの若い士官の経歴に重大な支障となったのである。これは極端な例であるが、慎ましく組織のなかにとけ込むまでは、「見てもらうのであって聞いてもらうのではない」との態度をとることの必要性を端的に示しているというべきである。ひとたび新任士官が機構の有効な歯車となり、その同僚たちが彼の忠誠と真摯とに確信がもてるようになって、はじめて、彼のアイデアもそれに値する関心をえるといってもさしつかえない。しかし、どんな人間でも、近代軍艦ほど複雑なものを操作するように設計された新たな組織のなかに踏みいり、その組織の一環として、なんらかの運用上の経験をすることなしに建設的な改良を加えうるほど、万能ではない。

友好関係

上司と親しくするという問題は、最良のアプローチを決めようとするにあたって世慣れぬ士官を思い煩わす問題である。たしかに、上司に対する防御的かつよそよそしい態度は正しいアプローチではない。きわめて必要な友好関係を打ちたてるには、士官も歩み寄りを見せる必要があろう。

未経験な若い士官で、不幸にも上司から譴責をうけたもののなかには、それ以降、上司と正常な友好関係をあえて結ぶことにためらいを感じる者がある。譴責をうけた人たちは、上司の措置にはなんらの個人的なものがなく、たんに職責をまっとうしているにすぎないことを想起すべきである。譴責のため、上司が部下に対して怨恨をいだく、という印象はまったく根拠のないものである。若い士官がもし、次に譴責した士官と会うやいなや、微笑しながらきびきびした敬礼をしたとすれば、両者の心から不愉快なできごとをまったく拭い去るだけではなく、軍隊のすべての士官が遅かれ早かれ学ぶべき教訓もまた習得することであろう。なぜならば、どんな士官でも、どんなに階級が高くとも、軍隊の経歴を通じて、なんらかの矯正措置をみずからもかちうるところなく、そして、ほかからも受けることがない人が存在するとは思われないからである。

だが、この「友好関係」の問題については、落とし穴もあり、そのある側面には制約がある。その制約の禁じられた側面には、いわゆる「わいろを贈ること」の慣行、すなわち、個人的な昇進の歯車には、人の目を引くが、いやらしく注油するやり方がある。このことは、いかなる海軍士官において容赦されることはない。しかし、ごく少数の士官は、上司の気に入られようとして、このような手段で自分自身を押し売りしている。この種の「立身出世」はふつうきわめて見え透いているので、上司は直ちにそれと気づくのである。

とはいえ、上司に対する心からの、友好的、紳士的な態度は、けっして「おべっか」どころではなく、かえって「必要なこと」なのである。

非公式訪問

非公式な社交的訪問には立派な理由がある。このような訪問は海軍部隊に期待される礼儀であり、楽しみである。それは先任士官に対して後任士官をよりよく知る機会を与えるとともに、後任に対して先任のバックグラウンドについてより多く学ぶ機会を与える。両者は、訪問中にかならず存在するインフォーマルな会話の媒介によって学びとるところが大きい。初級士官は、上級士官夫妻に会うことを恐れてはいけない。上級士官は初級士官が訪問してくれるのを喜び、若い士官や妻たちと一家団らんを楽しむのである。若い士官はゆっくりとくつろぎ、楽しむべきである。というのは、若い士官は、紳士らしくふるまうかぎり、訪問によって上司の人となりをなしているものを、より深く洞察できるばかりでなく、その訪問をも楽しめるからである。

なお、初級士官は、けっして上級士官夫妻の訪問を受けても戸惑ってはいけない。若い士官が上級士官夫妻に対してある日の午後か夕方に家庭訪問をされるようお願いするのは当然である。家がバス付きの一部屋だけであっても構わないだろうか。上級士官でも初級士官の頃は、たしかに、同じような辛い目にあっているから、そのことをよく覚えている。家は、どんなに質素なものであっても、多くの点で若い士官の真の人格を映し出すものである。その大きさや華麗さは重要ではない。若い士官自身の個人的性格ややりくり上手の本当の発露は、実相を示さぬ、よりはなやかな姿よりもはるかに貴重なものである。もし収入以上の生活や歓待をするとすれば、困るのは本人自身なのである。軍隊で個人を尊敬するのは、その本当の人となりのためである。

各海軍士官は社会的訪問についていま一つの事実を銘記すべきである。それは、新任士官が入隊するときは、少尉であると中佐であるとを問わず、まず部隊内のすべての士官から訪問を受けるという慣習である。このことは一般の礼儀および善良な風習にほかならない。それは新任士官が立派な素養を備えていることを感じさせるうえに大いに役だつとともに、新任士官の部隊への融合をはかりしれないほど容易ならしめるであろう。海軍においては、艦長、副長および直属上官は最初の訪問を行なう必要がないが、その司令部のすべての士官は機会があり次第訪問すべきである。

上級士官に助言を求め、たえず連絡する

初級士官は、つまらぬ質問や仕事の進行ぶりの詳細な報告で上司を煩わしてはいけない。一定期限

内に実行すべき具体的な任務が割り当てられ、上司がその任務の結果に将来計画を依拠していることがわかっている場合には、仕事の進行についてたえず上司に連絡をとることは至上命令である。たとえば、メイン・エンジンの一つが故障で動かなくなるとする。技術士官として、初級士官がエンジンの修理は四時間で終えるだろうと予言しているときは、所要時間がもっと長くなるか、短くなることがわかり次第、艦長にその旨報告すべきである。これに関連して、士官のなかには故障の修理にどれだけかかるかの見込みをたてるにあたって、楽観すぎる傾向があるものがいる。担当士官は、経験上修理の仕事にはどれだけの時間を要するかがわかるまでは、万一の出来事に備えて見積りに安全なゆとりを見ておくのが最善である。しかし、これとは反対に、きわめて用心しすぎるという過ちを犯すことも避けるべきである。

上級士官はたいてい、部下が相談にやってくるのを喜ぶものであり、また大きな助力ができるのである。一人の人間にとって読めない問題と思われるものも、より多くの経験をもったある人にはきわめて簡単なものであろう。難しい問題をかかえた若い士官は、そのことを思い煩いながら、眠られぬ夜をすごすということがあってはならない。最善の努力を傾けても解決を見いだせぬ場合には、気軽に上司の助言と解決案を求めるべきである。上司は怒りはしないし、かえってそれを歓迎するものだ。しばしば、初級士官は上司とどうもうまくいかないと思う場合がある。一般に、そうした印象はたいてい士官自身の心にあることに気づくものだが、いずれにせよ、このことは若い士官が上司のところへ行って、腹蔵のない話し合いを求めるべき時機であり、場面である。ほとんどかならずといってよいほど、上役は「胸襟を開いて」、若い士官に欠点があれば、それを語ってくれるであろう。こんどは、その助言を非難としてではなく、助言が与えられた助力の精神によって受けとめ、さらに進んで欠点を直すために最善をつくすのが初級士官の責任である。そして、上司がこれらの真摯な努力をすみやかに認め、好意的な反応を示すことはたしかであろう。

独力で問題を解決する

上司の助言、許可ないし権限を必要とする事態を正しく処理することは、士官にとって真価を示すための貴重な手段である。若い士官が難しい問題に直面したときとるべき第一のステップは、もちろん、上司の助言や許可を必要とする事態に関する情報を、できるだけ詳細かつ完全に、みずから集めることである。第二のステップは、もしかりに上司がおらず、独自の判断で行動をしなければならないとすれば、はたしてどんな措置をみずからとるであろうか、とるべき措置を決めることである。第三のステップは、状況と勧告すべき措置とを上司に呈示することである。そうすれば上司は、若い士官のためになるように自分のより大きな経験とより高い政策の知識とを加えることができ、そして若い士官独自の解決案を是正し、確認しまたは拒絶することになるだろう。その間、上級士官に対して初級士官がみずからのイニシアチブで問題を解決する能力のデモンストレーションが現実に行なわれたのである。若い士官の決定が正しければ、その処理能力に対する上司の信頼が増すことはもちろんである。

正しい意思決定を行なう能力は、指揮をとる資格がある者の顕著な特徴である。この点で、初級士官として、みずからより多くの訓練をなすことができれば、より大きな責任の地位に立たされた場合に論理的で正しい決定をくだす用意がよりよくなされるのである。

さらに、上級士官は、いま述べたように自分自身の指揮技術を伸ばす機会と、権限の委任を実施する機会に恵まれたわけである。そして、上役はたえず配属部下のなかから、相当な成果の期待をもって責任を委ねることができる人物を物色しているのである。したがって、有能な士官は仕事を引きつける傾向があるもので、その作業量はしばしば同僚とくらべて重いから重圧感を覚えるものである。だが、事実は正反対で、そういう人たちはもっとも立派に成功しつつあることを認識すべきである。軽い作業を受けもつ同僚の方が落ち目になっていることは間違いない。

リーダー対フォロワーの関係

リーダーシップの命令を考える場合、あまりにもしばしば、リーダーだけの役割を考える傾向がある。しかしながら、組織化された制度上のリーダーシップの概念においては、フォロワーの役割が一番大切であることをたえず脳裡に深く刻むべきである。よいリーダーを形成する属性については、これまで若干考察したが、よいフォロワーの特性とは何であろうか。

『リーダーシップ・リーディング』(3)から抜粋した次の特性は、フォロワーのリーダーに対する責任を正確に指摘するものである。生徒はその刊行物のなかにある「リーダーシップだけでは十分ではない」と題する論文を参照することによって、さらに検討を進めることができよう。

よいフォロワーとは、

(1) 自己の仕事とそれがいかに部隊の使命達成に寄与しているかを知っている。
(2) リーダーの特性を知っている。
(3) インスピレーションを与える能力をもっている。
(4) 上司および部下に対して忠誠をつくす。

(5)　能力に見合うイニシアチブを発揮する。
(6)　権限と責任の委譲を容易に受諾し、かつまた受諾する用意がある。
(7)　リーダーの決定を受諾し、全幅的にこの決定を実施するために最善をつくす。
(8)　リーダーの部下のために配慮する能力と限界を十分に知り、不当な期待をかけることによって、上司のリーダーシップの負担を増やさない。

したがって各士官は、リーダーの弱点を探す前に、フォロワーとしての自分自身の責任を果たしているかを確かめるべきである。

昔は、「神権」とか王家の生まれによって自動的にリーダーシップの地位が授けられ、そうした高貴の生まれによってリーダーになった者も、しばしば、敵対者に対して軍事的勝利を収めたものだが、おそらくこれはその相手もまた「王侯の家に生まれた」からであろう。このやり方が廃止されてすでに久しい。今日リーダーたらんとする人は、まず服従することを学ばなければならない。このことは、フォロワーであることが長ければ、それだけ立派なリーダーとなるということではない。リーダーシップの分野においてもほかの分野と同じように、「実践による学習」が必要なのである。だが、各士官は「トーテム・ポールの下っ端」たる見習いを勤めなければならない。士官は、海軍の階級制度のポール――しかもそれはきわめて高いポールである――を上がるとき、部下に対するリーダーと上司に対するフォロワーの二重の役割を果たすことになる。

対市民関係

多くの海軍士官は、一般市民との良好な人間関係を維持する責任を広報士官に移しているが、現実に民間との関係はきわめて重要な関係であり、見習い水兵から海軍大将にいたる各将兵は、アメリカ海軍に最大の名誉をもたらすとともに、絶大の尊敬を鼓吹する市民関係を維持する共同責任をもつのである。どこかよそで作成した厳格で固定した法的規則が、地方住民との友好な人間関係を通して、海軍に対する法的訴訟を防止しようとする現地司令官の意図をくじくことがある。

たとえば、ある海軍航空基地の近くに住んで、離着陸訓練のあいだ、自宅の上空を飛ぶ飛行機の騒音にいらだっている老紳士の例をあげよう。この人は、毎年ワシントンの海軍大将へ書信を送り、全海軍を訴えるとおどかした。そして、もちろん、航空基地司令官は、民家の上空飛行を「やめ、思いとどまるように」との指令を添えた大将からの手紙を受け取った。幕僚法務官からはこれと一緒に、どれだけの損害を被ったかについて老紳士から何か文書によるものをもらうとともに、民間人の屋敷に立ち入りして損害を検査するように、要するにその市民に海軍に対して訴訟を開始するための公開状を出すように、との助言が届いた。

現地司令官は、法律的アプローチよりもむしろ人間的アプローチをとることに決め、その苦情をいう人を訪ねたところ、あにはからんや、非常な好人物であることがわかった。司令官は、飛行が海軍の艦載機操縦訓練計画の一環であることを説明し、海軍ではこの苦情にきわめて深い関心をもっており、摩擦の原因を取り除くため最善をつくすだろうことを老紳士に保証した。

司令官は老紳士に楽しい気分——すっかり感情が和らいだわけではないが、海軍が親しく訪問代表を送るだけの関心を示したことに感謝する気持——をいだかせた。司令官は正当にサインした法律用紙を法務官へ送り返し、その措置について大将に通知し、残余の勤務期間中大将からも市民からも低空飛行に関する苦情はさらに一度もなかったのである。

この物語をしたのは、関連した性質の問題における人間的なアプローチの重要性を強調したいためである。あきらかに法的様相を帯びる問題の場合には、海軍の利益を守るためあらゆる努力を払わねばならないが、数分間の人間的な触れ合いが、しばしば、数時間や数頁にわたる文書と通信ではできないものを達成することをけっして忘れてはいけない。

海軍の士官は、ますます、海上および陸上勤務期間において市民共同社会に住むことが多くなっていく。機敏な士官はこれらの機会を市民との接触を広めるために利用する。なるほど、一般市民は海軍生活が平均的な海軍ファミリーのなかに醸しだす集団感情をまったく理解できず、海軍共同社会の問題よりも自分のローカルかつコミュニティの問題にさらに多くの関心をもっているが、海軍士官は機会のあり次第まず接触することをためらってはならない。そうすれば、通常、人びとはどこでもきわめて同じであって、友好的かつ真摯な隣人的アプローチに容易に反応するものであることを発見するであろう。

海軍の士官は、本来、制服を着用しているかどうかを問わず、市民との関係において、勤務地を離れるや否や、自己の責任を海軍に転嫁しないことを常に銘記すべきである。海軍士官は常に海軍を代表する者であり、その行動はいつでもどこでも、海軍に対して名誉または不名誉をもたらすことになるのである。このことをまず第一に念頭において行動すれば、市民との関係は高い報酬をもたらし、海軍生活に対する価値ある資産を形成することになるであろう。

〈注〉

(1) The Armed Forces Officer, Dept of Defense, 1950, p. 70.

(2) The Armed Forces Officer, p. 81.

(3) Selected Readings In Leadership, Published by the U. S. Naval Institute, 1957, p. 114.

第11章　カウンセリングと面接

初級士官の職務のうちでもっとも時間を使うものは、カウンセリングと面接である。このため、多くの海軍士官の側には、当面の問題がこれ以外の方法で解決できる場合には、この手続きを避ける傾向がある。このほかに渉外関係官、従軍牧師、法務官などの専門家に委託する方法もある。しかし、各初級士官は、部下の問題の多くをこれらスペシャリストの肩に移すとすれば、部下との人間的接触はやがて失われ、そうなれば、彼はリーダーではなくなるのである。リーダーのタイトルをなおもちえても、現実にはだれかほかの者がその「王座」を奪ってしまっているのである。

部下との人間的接触を維持し、部下を認めてあげるための効果的リーダーシップの技術としては、個人面接とカウンセリングに勝る方法はない。リーダーは部下を知らねばならないのである。

部隊の各個人の研究はけっして終わりのない過程であるはずだ。軍服務記録や資格カードの研究によって多くのことを知ることができるが、それは、そうすることによって、リーダーは部隊の構造を包括的に概観できるからである。しかし、これのみでは十分でない。人間自身が研究されなければならない。士官は、各人の気質、長所と短所、希望と不安を知るべきである。入隊前の部下の生活や家族、学歴および職歴などの背景についても知る必要がある。士官はたえず部下の心的状態や軍に対する態度、士気の昂揚や低下につながるすべての細事を知るように努力すべきである。

この知識の多くは、部下自身より得るほかはない。しかし、人間は公式に質問した場合には、最小限度のことしか話さないものである。また、上級士官に対する信頼を欠いているときも、同様な反応を示すものである。部下に対し人間としての理解を示すように話す士官の能力は、部下の信頼をえる確実な方法である。適当と思われる場合には、軍隊の公的関係を一時忘れてしまって、部下を腰かけさせ非公式的に相談することによって気楽にさせるのがよい。あまりにも公式的なやり方、窮屈すぎる態度、たんに組織のルーチンの一つの行為にすぎないものとみなして、人間関係の問題を整理番号によって処理する性向——これらすべては、カウンセリングを始める前にすでにこれを破壊するものである。人間はだれでも、パーソナリティを全部変えることはできないが、快活な態度で自分の仕事を行なう士官は、人間関係の点で、常に人に先んずるのである。

士官は、自分自身を部下に近寄りがたいものたらしめることのないようにするためには、直接の部下が設けている手順も知っておく必要がある。すべての管理の階層において、しばしば全員が「ボスを煩わす」ことから閉め出すための新方法を考え出すのは、「側近者」の性癖であることである。どんなに命令がこれと反対に肯定的なものであっても、これらの守護人が、しばしばこうすることによって上司の身から出たさびを救うのだと誤信して、この命令を妨げてしまうのである。明敏な士官ならだれでも、命令系統上の直接の部下がこのような方法により士官の指揮範囲にある部下との緊密な接触を遮断することを許さないであろう。

士官が部下と個人的問題について話しかけるのはけっして時間の浪費ではない。たとえ問題自体が士官にとって小さいように見えても、それは当人にとってはきわめて重要と思われるかもしれず、したがって、これを軽視すべきではない。

たとえば、部下の妻君が自動車事故で起こした損害について訴えられているとか、無分別に収入以上の家具の購入契約をしたとか、あるいは、子供が学校でトラブルを起こしているとかというような問題は、上司が友人兼カウンセラーとして部下に信頼されている（当然そのような関係にあるべきであるが）場合に、上司と相談する場合の典型的な問題である。

部下の家庭生活の問題が何であるかを問わず、それは艦上任務の実施と同じ考慮に入れられねばならない。たとえ士官が部下の家庭生活からきわめて隔っていると思っても、今日わが海軍将兵の半数以上が海軍の環境以外に家庭を営んでいるので、これらの外部の原因から生ずる部下の問題をとうてい無視するわけにはいかない。

このような個人的な問題を無視するよりもさらに悪いことは、なんらかの問題について士官に秘密を打ち明ける人に対して士官がちゃかしたり、ひやかしたり、「そっけなくあしらったり」することである。――ただし、来談者が自分自身のよこしまな目的のため策を弄しているときはこのかぎりではない。このような場合でも、部下が自分自身の行動が不当であったことや上司になんらかの不法行為を支持してもらいたいことを示す情報をもらすときは、その言い分をつっけんどんに取り扱うよりは、最後まで聞いてやるのがよいのである。士官が部下の尊敬を増すのは、ただ部下の問題を敬意をもって扱う場合だけである。部下の問題に忍耐強く辛抱し、真剣な関心を示す政策は一〇倍になって報いられるのであるが、それは一人に起こった出来事はやがてほかの人たちにも知れわたるからである。

カウンセラーの役割を果たすため、士官が部下に過保護を与える必要がない。士官の扉は解放されるべきだが、それは指令系統において兵曹をバイパスすることを促進する雰囲気をつくることを意味するのではない。むしろ、士官は、兵曹の部下がすべての問題を士官レベルへもち込む代わりに、彼らが曹長のカウンセリングとガイダンスを求める場合には、曹長の威信を立ててあげるべきである。

士官はカウンセラーの役割を果たすに際して、問題に真面目な注意を払い、次に事柄の性質にしたがって、率直な助言または決定で追跡指導すべきである。ただし、自分自身の知識と経験から助言または決定を与える資格がないと思うときは、決定を繰り延べるか、不十分な見解を述べる前に、正しい情報をもっている人と相談したほうがより賢明であろう。部下にとって非常に利害関係が大きい場合、または問題が複雑で解決策が容易に明らかでない場合、士官のとるべき正しい措置は、しばらく熟考のうえ、他人（より高い権限者であるか、またはより親しい同僚であるかを問わない）から助言を求めることである。どのような精神でこの仕事をやるべきかは、シューラー・D・ホズレットの言葉がもっともよくこれを示している。ホズレットはその著『経営における人間的要因』において、次のように述べている。

「カウンセリングは、個人が問題を理解することを助け、解決案が実行できる程度に、個人に助言を与えることである。それは個人の自己指導の能力を刺激する過程である」。

家族の問題、組織内の摩擦、個人的なもつれ、さまざまな欲求不満と心配、挫折感そのほかのほとんどすべての人の意識に深く根ざしている名もない恐怖、これらのすべてはカウンセリングにおけるより一般的な話題である。部下が士官と話し合いたいと思う問題が何であっても、それは士官の正当な仕事となる。なお、部下が組織の利益になると信ずる勧告を提出したいという場合には、その人のいうことはもっとも慎重な注意を払って聞くべきである。

どちらの場合であっても、カウンセリングの面接は二つの中心的な考え方をめぐって行なわれる。

すなわち、その重要度の順にいえば、⑴何が部隊の最善の利益になるか、そして⑵何が個人の利益になるか、である。部下のカウンセリングを行なう場合、士官は私心を離れた公平な当事者の役割を演ずることはまれである。牧師や法律家、教師または「無二の親友」とは異なり、士官はたんに個人の精神的および肉体的欲求のためになる以上のものをみなければならない。士官は個人的な問題を部隊の運営哲学全体と同じにみる責任を負う。したがって、まず第一に銘記すべきは、各個人には極限状況があるけれども、部隊も同様の問題をもち、士官の決定によってひとしく左右される多くの個人から構成されているということである。不当に個人的なえこひいきをする、すべての関係者に与える影響をウエイトづけしないで前例をつくる、同情して機嫌をとる、などの場合には、組織の規律が弱まり、組織内の緊張が高まり、部下は上司たる士官のリーダーシップに対する尊敬の念を失う。

したがって、個人的な問題を心からの関心と同情をもって考慮するけれども、士官は全体としての組織に対する責任を見失ってはならない。たとえば、休暇が指揮上の理由のため緊急の理由をもつ者のみに制限されていた場合に、一人の部下がやって来て、ホームシックにかかってこれ以上もう仕事はできないというとしよう。もし上官がこの部下の要求を神経衰弱になることを恐れて許可したとすれば、上官は同様の根拠をもつほかの要求に悩まされるであろう。そして、もしこの要求が入れられなかったとすれば、残りの部下の間には、一般的不満感が残るであろう。他方、もう一人の部下が母の危篤を知らされたため、緊急休暇を要求するかもしれない。もし上官がこの要求を受けて措置をとらない場合には、上官は、最初のケースを利用しようとした者と、自分自身のために何も求めない部下の両方から軽蔑を受けるであろう。士官たるカウンセラーは、来談者の記録、性格、善意の程度を知っておく必要がある。部下が士官からの助言を求めて来たあとで、これらを細かにチェックするのでは、手遅れであることが多い。

もっとも効果的であるためには、士官は、事情が許す場合には、それらの情報を収集できるまで面接を延期すべきである。部下のおもな特徴についてできうるだけ覚えるのは、士官が部隊の指揮をとるときの〝いの一番〟の仕事であるはずだ。この任務はカウンセリングの面接前に行なわれるものである。一人の士官が毎日会う部下の名前と大部分の履歴を知るのは、けっして過度の仕事ではない。なぜならば、部下を知らないことは、士官が個人的なカウンセリングおよびガイダンスを行なうように要請された場合、大変不利な立場におかれるからである。

部下が問題に関連して自分のことについていうときには、その人の個人記録にしたがって、常に判断する必要がある。よい成績をもっているなら、この記録に基づいて措置をとるべきである。成績が悪ければ、カウンセラーは関心と同情を示して、しかし、さらに調査を完了するまでは、かなりの留保をして、部下の言い分を傾聴すべきである。

第二次世界大戦の将校たちは、再配備から生ずる一般の不満を取り扱うに際して、この規準を守らなければならなかった。「もうこれ以上やれない」と一人の部下が申し立てをし、司令官がその部下がモチベーションの高い人間であり、忠実に職務を履行したことを知っていた場合には、その人間を帰還させる努力をするのが司令官の仕事となった。しかし、もう一人の人が同じ話をしたが、その勤務成績によると、ほとんどモチベーションをもたず、仕事が怠慢であったことがわかったとき、その人間に怠慢の最後の機会を与えるべきかどうかが問題であった。最初の人間に好意を示したのは、規律を助長することを意味し、戦友もそれを公平な取り扱いとして認めた。第二の人に拒絶したのもひとしく同一目的に対して建設的な意味をもつものであった。類のない重圧下の状況では、これらの原則がうまく功を奏したことを司令官たちは認めている。

部下が士官から助言を求める問題の多くは、法律的性質を帯びるものである。士官が統一軍事裁判典ないし民法に精通していないかぎり、調査は権威筋へ依頼すべきである。そのほかの問題は、赤十字のような民間機関の家庭サービスの使用を要求する類いのものである。したがって、これ以上は専門家ないし専門機関の援助を求めねばならないとする限界を知っておくことは、部下に対して救済施設の所在および利用に関する十分な情報を与えられる点でも、士官たるカウンセラーにとって重要である。

赤十字社は通常家庭状況の事実をチェックし、資料を当該海軍当局へ送るための効果的な代理機関である。しかし、将兵が一緒にいる部隊レベルでは、赤十字社の個人援助の手段（主に助言と同情的な傾聴）は、軍の上司が個人に与えられる方法以上のものではないようである。危機に際して、正常の人間は、他人よりも自分がよく知りかつ信頼している人からはるかにより確実に、力と指導とを引き出すことができる。

ここに実例がある。第二次世界大戦で、海外の多くの兵士が家庭が破壊にいたったという知らせを受けた。カウンセラーのできることは、当人とそのことをとっくり語るか、調停がもっとも重要な手段であるかがわかるか、または当人自身に助言できる友人を探し、自分自身に対する義務を考えみずから解決するようにさせるかのいずれかである。このような場合、赤十字社は、家庭状況の事実を確認することはできても、当人の再適応の問題は主に彼にもっとも近い者の措置いかんに依存していた。

すべてのリーダーは、遅かれ早かれ、この種の問題の局面を取り扱わなければならない。そうした事態になると、人間性の弱さについての道義論や一般論は、まったく役に立たない。当人を馬鹿者呼ばわりすることは、いたずらに不幸の原因に怒りをぶちまけるのと同様にむだである。今様に、「こうやるべきだ」と当人に指示するような、正攻法的アプローチは厳に避けるか、ほんのたまに使うべきである。もっとも効果的な態度は、次のような言葉で表現されよう。「それが君ではなく、私に起こったとき、私が君の立場にあるとしたら、こうした事柄を検討し、こういう点を一番重視するね」。

被面接者に元気を出せ、男らしくせよということは、被面接者がそうでないことをはっきりと推断することである。被面接者に男らしさを要求する事柄を反省させるほうが、自尊心を起こさせる紳士的な方法である。なお、想起すべきは、憂うつなときには、背中を軽くたたいたり、心から握手したりすることが小さな奇跡を引き起こすことである。

配置転換は多くの面接の話題となっている。部下からの配置転換の要求を審査する場合、士官の使用すべき判定基準は、自分自身の部隊に及ぼす短期的影響よりもむしろ、軍全体の利益である。もちろん、だれでも優秀な部下を自分の部隊から転勤させたいと思う者はいないが、配転が軍全体にとって一番利益になると思われるときは、これを許可すべきである。

第二次世界大戦において、多くの優秀な兵士は戦闘艦を離れて当然入るべき軍学校へ出席する機会を奪われた。なぜならば、一部の司令官はそれによって部隊の能率がそこなわれると思ったからである。その代わりに、より価値のない、通常資格のない者が、たんに無能であり、オールを一緒にこがなかったために、帰還するという過分の機会が与えられた。そうした措置の全乗組員の士気に与える影響がいかに悲惨であるかは、容易にうかがわれるところである。

不幸にして、一部の士官は自分自身の部隊の成功のみを考えるあまり——その成功はもちろん、自分自身の能率の記録に影響を及ぼす——すべての有能な部下を必死にしがみついて離さない。これは長所の表われでなく、弱さのしるしであり、部隊内に不満が生ずるのはその免れがたい結果である。どのようなレベルの士官であれ、その優秀な能力の印は、自己の部隊内に生ずる欠員を補充するために、いま一人の優秀な部下を養成できるという自信にある。人間はだれでも自己改善ができ、配置転換を通して、軍に寄与できることが自明の理であるのに、転勤の権利を否定するのはすべての健全なリーダーシップの原則に反するといわざるをえない。

当然の配置転換を許すことは、部隊の出口がたえず開放されるべきだということではなくて、ただ能力の証明が示されたときだけ出口が開かれるべきことを意味する。緊張が高まり、戦争の危険が増大してくると急に多くの人が陸上勤務のポストに就くほうが有利だ、という確信をいだくのはけっして珍しくはない。しかし、過半数の兵士がより危険でない条件下で受諾した勤務の線に残留するならば、海軍はやがて戦闘能率を喪失することになるであろう。

だが、部下が精神的にも、身体的にも、戦闘艦または戦闘業務に向かないことが明らかなのに、これをいつまでも縛りつけておくのはほとんど意味をなさない。

わが海軍のもっとも有能な士官の一部は、このルール、すなわち配置転換の合法的理由をもつ部下にけっして転勤を拒否しないこと、および、無能者ならびに偽者に誤ったレッテルを与えないこと、を遵守したのである。一見理想的に見えるが、ルールはなお実際的である。捨て札を考えすぎて時間を浪費するよりは、切り札の価値に注意を集中するほうが時間を有効に使えるものである。

無等級の部下は、兵曹によって差別待遇を受けていると思う場合に、士官の相談を求める傾向がある。このことが起これば、事実を把握し、公平不偏に措置するのが士官の職責である。兵曹に対する苦情は部隊の士気の低調を示すものだから、士官にとり常に聞いて愉快なものではない。両者からの事実を考慮しないで、へまな苦情処理をすることは、士気の低調の問題をさらに悪化させるものである。たとえば、士官の責任は、事実にてらして兵曹が悪いことが明らかな場合でも、兵曹を自動的に支持すればよいという範囲の問題ではない。権力の誤用によって摩擦を生じた場合には、どこでも摩擦を減らすことはリーダーの職務である。このことは、直接に加害者は反対して恥ずかしめるかわりに、加害者との私的なカウンセリングを意味する。

すでにほかの職務を負託されている士官にとって、カウンセリングは時間の浪費のように思われ、従軍牧師そのほかの専門家に所属する業務のように思われるかもしれない。たしかに、賢明にして理解ある「海軍牧師」はたまに部下の重大な問題について部下と相談し、そうすることによってライン将校を援助することがあるかもしれないが、その際、牧師はラインの将校にこれを通知し同意をえて行動するのでないかぎり、後者の指令上の責任を侵犯するものである。ラインの将校は、常に自分の組織の部下の父親がわりである。ラインの将校がこの役割を放棄すれば、負託された信頼をないがしろにするものである。この怠慢は、一般の士気および規律の低下によって、部隊の戦闘能率を減殺するものである。

冷ややかに見れば、カウンセリングの過程は、多少難しいと思われるかもしれない。現実には、それはまったくそんなものではない。カウンセリングの技術は、幾年代にわたって、リーダーによって使用されてきたものである。それは、あらゆる組織化された人間関係における力であり、幼時に始まり老齢にいたるまで継続するものである。

いかなる集団も、各成員が集団と一体化し、集団が成員の福祉に関心をもっていると思わないかぎり、よい士気や規律をもつことができない。この理由により、部隊の各成員が困っている仲間を助けるときに、利益をえるのが部隊のみならず彼自身であるとの哲学を各成員に注入する必要がある。だが、軍隊生活において、信頼は一般の市民生活よりもはるかに両面交通である。賢明な助言は、上から伝えられるとともに、下からもえられる。多くの海軍少尉は、過去において、古参兵曹の友好的な助言を信頼することを学んでおり、ふつう、きちんとしかも敬意をもってそれを受けて来たのである。多くの若い士官を仕込み、指令系統における役割に慣れさせてきたのは、この古参兵曹からの支援に負うところが少なくない。先任士官でも、危機に際して彼から精神的な励ましを受けることをためらわぬものである。

要約すれば、カウンセリングと面接の一般原則は、次のようである。

(1) よいカウンセリングは、人格化され、個人化される。部下の問題は、一人の人間として、当人にとって重要なものであって、ルーチン的に処理される「類い」の問題ではない。

(2) カウンセリングの必要性は、部下が援助なしには解決できないなんらかの困難な問題に直面したときに発生する。その問題は、一人で識別ないし確定できることもできないこともある。問題は探求されなければならない。

(3) カウンセリングの機能は、部下の自律を援助するにある。真のカウンセリングは、部下に何をなすべきかを指示するものではない。それは、部下が自分自身の問題を分析するのを助け、部下がその状況について知的に考えることができるように必要な情報を提供または指示し、共に可能な解決案を検討する過程である。このことがなされた後で、部下は、自分自身のものとして解決策を考え、建設的な行動計画をつくる立場におかれる。

(4) カウンセラーはよき聴き手たるべきである。助言を求める部下は、すでに正しい軌道に乗っていると認められる。そのような部下は、すでに何をなすべきかを確信しており、たんに自分の考えの支持と確認を求めているにすぎない。「徹底的に語り合う」ことが部下がより客観的になるのを助けるとともに情緒的な安堵感を与えることもある。部下自身の計画が問題に対する妥当な解決を与えるように思われるときには、カウンセラーは、これを実行するように部下を奨励すべきである。

(5) 効果的なカウンセリングは、たんに部下を助けたいという願望に依存するよりも、むしろ適切なデータに依存すべきである。カウンセラーは、新しくどのような情報が必要であるか、それがどの筋からえられるかをすみやかに感知すべきである。

(6) カウンセラーは、とくにパーソナリティの適応が困難で複雑な問題に係わっているなと思われるときは、自分自身の限界を認識すべきである。

(7) カウンセラーは、入手した情報を「秘」として取り扱うべきである。この倫理的原則を忠実に守ることはきわめて大切である。それは公正な正直者としてのカウンセラーの名声の樹立を助け、部下とのカウンセリングそのほかの関係を増進することになるからである。

(8) 面接中、その時点までの事実や状況を立ち止まって再検討するのは、よいやり方である。このことは、とるべき措置を計画する段階で手助けとなるだけではなく、これによってカウンセラーは面接の指導権を維持することもできる。

(9) カウンセリングの過程において、面接者は、被面接者を喜んで援助したいと思うだけでなく、とるべき措置の案の結果についても関心を有する者としての立場を設定する。さらに面接者は「追跡指導」で援助するために部下とたえず連絡を保つべきである。

(10)

カウンセリングおよび面接の技能は、経験を重ねるにつれて、錬摩され発達する。海軍士官は、この技術を自己の経験のうえに築き上げ、またこの技術を読書を通じて、臨床カウンセリングを専門職業とする人たちとの討論を通じて、改善することができるのである。

第12章　規律と士気

士気《モラル》と規律とは切り離せないものであり、どちらが先にくるかを決めようとするのは鶏と卵の論争と同様に無意味である。士気のない軍隊には、本当の規律がありえないし、規律のない軍隊にはよい士気がないのである。肝要なのは、規律と士気とは相互に補強し合うものであり、両者はともにリーダーの第一次的責任であるという点である。

規律

一般の人にとって、「規律」という言葉は、厳しさ、不当な自由の制限、個人の行動に対する不必要な規制、不断の拘束、および権威による恣意的または不合理な要求に対する強制的な服従、といった意味をともなうものである。現実には、規律は真の民主主義の基盤であり、それは個人の一連の規則に対する遵守を意味する。それらの規則は、人間が長年の経験を通じて、社会全体の利益を守るため、個々の成員間の関係を律するのにもっとも適当であると認めてきたものである。これらの規則のうちには、正当な制定権限によって作成され、文書によって規定された法と呼ばれるものがあり、あるいは、一般の慣習および慣例で認められた、しきたりと呼ばれるものがある。

すべての人は、なんらかの規律に服する。立派な市民、そして幸福な市民は、この規律を甘受する人であり、さもなければ、共同社会の生活の規範から逃れている人なのである。

規律は、全体の利益のために行なう規制への服従、秩序ある努力の調整を目的とする規則ないし方針への遵守を意味する。秩序と規律とが軍隊にとってきわめて高度の不可欠な要件であることは明白である。事実、適度の秩序をともなわない組織は、軍隊以外でも組織としての存在を失い、単なる暴徒と化する。リーダーの第一次的責任の一つは、自分の組織内に規律を教えこむことである。

規律を確保するには、さまざまな方法がある。たとえば、違反にともなう結果の恐怖心に基づいた規律――恐怖の規律または規律の消極面――がある。次に、われわれがアメリカ人の規律の理想と考えたいもの――人びとの努力の目標に対する信念から、またリーダーに対する尊敬と信頼から、積極的に嬉々として服従する明朗かつ自発的な規律――がある。これは規律の積極面である。

組織のなかで、消極的規律（処罰）が最小限に行使され、積極的規律のテクニックによって最大限の能率が発揮される場合には、その組織が理想的な規律の状態に達しているということができる。

海軍において、規律は「指令に対する敏速かつ積極的な反応」を意味する。最良の規律は自己規律であり、個人が正しいことをしたいと思うがゆえに正しいことをするのである。それは自発性、熱意および協力心をつくりあげることによってえられ、それは上司の監視のもとにある場合だけではなく、勤務外の場合でも存在するのである。

アーレイ・A・バーク大将は、かつてこう書いている。「立派な規律ある組織とは、その成員が個人として、また集団としての使命を達成するために、成功を期しつつ、熱心に、積極的に、真面目に働く組織である。規律の欠如は、スムーズな予定された作戦行動や戦闘能率の喪失を招く(1)」

高度の規律を目ざして努力するにあたって、忘れてならないのは、人は励行する掟にしたがって生活する個人を崇拝する、ということである。率先垂範しない行動をフォロワーから求めるリーダーは、憤怒を買うのみである。部下から不撓不屈の服従の協力を自分自身の上級士官に対して示すように立派に行動すべきである。リーダーがこの垂範と、能力ならびに部下の幸福に対する心からの関心とを兼ね備えるときは、リーダーの規律上の問題は取り除かれることになるであろう。

積極的規律

積極的規律とは、具体的な特別の命令を受けても受けないでも、個々の人たちが正しいことをしようと努力する心的状態を陶冶することである。積極的規律がもっとも効果的に行なわれるには、隊員が自分たちの仕事を完全に知ることが必要である。したがって、訓練はこの種の規律に関与する基本的要因の一つである。個々の士官は、たえず規則を破らないように、部下を訓練して職務を履行させるように努めねばならない。士官は、こうした方法によって、違反後の部下の処罰の場合と同じように確実に、しかもよりいっそう生産的な方法で、部下を躾け訓練することができる。

権限を与えられている者は、積極的な規律の達成をはかるため、次の措置をとるべきである。

(1) 組織全体を是認する態度を維持すること。リーダーの側における組織に対する不信の念は、やがて部下へ伝わり、一般的な不安感を引き起こすものである。

(2) 部下に何を期待しているかを知らしめること。このことは、正式の指令や明瞭な口頭による命令によって行なわれる。

(3) 部下の特定の仕事における使命について、たえず部下に知らせること。人間は、自分のなしている作業の内容や方法と全体的な職務の運用との関連性を十分に理解する場合に、より立派な仕事をするものである。

(4) 部下が能力の最善をつくして職務を履行するかぎり、部下の背後に将校がついていることを部下に知らしめること。

(5) 部下がどれだけの進歩をしているかについて、たえず知らせること。このことは、部下の善し悪しを問わず、ひとしく大切である。

(6) 秘密保全の範囲内で、たえず部下の将来に影響を与える変更を部下に知らせること。

(7) 部下はだれでも公正で平等な取り扱いを受けることを、部下に対し行動によって確信させること。

(8) リーダー自身の専門能力の向上に努めること。なにがよいリーダーをつくると思うか、と問われて、下士官兵たちは、リーダーのなかのほかのいかなる特性にもまして、その専門的な能力を尊敬する、と答えている。

(9) 権限は、それに対応する責任を付与して、能力のあるかぎり、組織の末端まで委譲すること。

消極的規律

リーダーの立場からすれば、規律と処罰とは、けっして同意語となってはいけない。たとえ規律を達成するための最後の手段たる、処罰を与える方法に訴えることが必要となる場合でも、規律の教育訓練の面をたえず念頭から離してはならない。個人によっては、通常の訓練方法に反応を示さぬ性質の者も一部にいる。リーダーは、これらの人たちを取り扱うにあたって、まず、規律の積極的な方法によって彼らに影響を与えるように試みるべきである。しかしながら、個人がこれらの方法に反応を示さないときは、リーダーは、リーダーシップのテクニックとして、処罰、すなわち消極的規律を活用することをためらうべきではない。処罰は、最終的なものとはいえ、規律の一つの要素なのである。規律と関係する場合を除いて、処罰は、部下の統制手段として、これを口にし、またはこれを行なって楽しいものではない。処罰はけっして援用する必要のない力であれば、これに越したことはないだろうが、人間性が現在のままである以上、リーダーは、処罰なしにはほとんどやっていけないのである。処罰は、ダイナマイトのようなもので、強烈で危険であり、貴重であるが破壊的であり、正しく使用する度合いによって効果的であるが、その使用を誤れば驚くほど破壊的となる。

人間は二つの動機、すなわち褒賞の希望と処罰の恐怖とによって支配されることがきわめて大きい。次の言葉は、わが海軍の初期のリーダーの一人であるジョン・ポール・ジョンズの賞罰の問題についての心情を吐露したものである。

部下のいかなる功績も海軍士官の注意を免れてはならないし、たとえその功績に対する褒賞がそれを認めるというただの一言であっても、褒賞なしに見すごされてしまってはならない。逆に、海軍士官は、部下の一つの誤ちも見逃してはならないが、しかし同時に、誤謬と悪意、無思慮と無能力、善意の手落ちと不注意なばかげた誤りとの区別を敏速かつ間違いなく行なうべきである。士官は、功績の褒賞や承認において例外なく公平であるべきだが、それと同様に、過ちの処罰や譴責においても裁判官のような判断力をもち、確固としなければならない。

消極的規律の執行にあたって考慮すべき要因を若干あげれば、次のとおりである。

一　処罰は敏速でなければならない

処罰の効果をあげるには、それは敏速でなければならない。この原則は広く認められており、若干の例外（殺人犯、脱走、合衆国に対する詐欺など）を除き、出訴期限法は、加害者が一定の期間裁判を免れるところに逃げていたのでないかぎり、同期間の経過後、被疑者の裁判を禁じており、消滅時効的な役割を果たしている。士官がもし数か月前に犯した軽微な規律違反のかどで、部下を叱正しようとすれば、違反者が事件をすっかり忘れているのは当然であり、なぜいまになって責任を問われるのかを不思議に思うだろうし、士官が示したリーダーシップの良否について多少の疑念をいだくのは当然であろう。譴責や処罰は、違反が行なわれたあと速やかに与えられなければ、そのことは全部忘れてしまうことが一番よいだろう。

二　処罰は非個人的で、公正でなければならない

処罰はけっして個人的であってはいけないし、かつ、報復的なものであってはならない。つまり、それはけっして過ちに対する報復として課すべきでない。処罰は怠慢行為の結果生じた不正を正当たらしめることがない。その唯一の価値は、過ちを犯した者やほかの者に与える客観的な教訓にある。すなわち、違法行為は繰り返されてはいけない、という点にある。それは人間にある処罰に対する恐怖心に訴えるものである。

処罰は公正でなければならないだけではなく、その目的を果たすのであれば、罰を受ける者もその同僚もそれを公正と認めなければならない。処罰が効果的であるためには、それは違法行為後速やかに加えられなければならない。それは、自尊心をおとすような性質のものであってはならぬし、違反

行為の重さにつり合わないような過度に厳しいものであってはならない。

人間の処罰に対する反応には、極端に感受性の強いものから非常に無神経なものまでいろいろある。したがって、具体的な違反に対する処罰の設定をされた尺度には、おのずから限度がある。処罰は、「犯罪に合ったものにする」のみならず、個人――被処罰者――にも合ったものとすべきである。ある人間は、いけないという目くばせや表情をしたり、ひとこと叱責したり、期待にそわないと思ったりしさえすることが、その者の規律違反を矯正するために必要な全部であるような気質をもっている。ほかの人間は、人生の辛酸に慣れている、あるいは鍛えられているので、なんらかの印象を残すにはより厳しい処罰の形態をとる必要がある。以上述べたことは、ダグラス・サウスホール・フリーマン博士の訓令、「汝の部下を知れ」という意味を強く支持するものである。分隊長は、部下の性格を知っているものと推定されるから、自分の分隊から違反者が出て隊長の懲戒裁判に付される場合、その違反者を代弁しなければならぬ人である。

統一軍事裁判典は最大の刑を、ある場合には、最小の刑を規定している。これらの刑は、ときおり、「……かまたは……かいずれかの」とその内容に変化を与えており、さもなければ、いくつかの代案が許されている。軍事裁判教範を参照すれば、司令官および軍法会議の双方が与えうる刑が判明するであろう。ある人に判断される以上に絶対に厳しいものであってはならないばかりか、その者を通じて、またはその者に代わって、家族への処罰の波及を避けるように注意を払うべきである。もしその者が既婚者で子供があれば、減給は、当人は艦内で毎日三度の立派な食事をとり寝る場所もある一方で、家族をつらい目にあわせることになるであろう。特別の任務の付課や休暇の取り消しは、当人にはよりひどく感じられるかもしれないが、家族に対しては被害はより少ないであろう。他面、当人が独身者で、夜の生活を楽しんでいるとすれば、厳しい罰金が効果的であろう。このケースは、「汝の部下を知れ」との戒めの重要性が強調されるのである。

三　人のいない所で叱り、人前ではほめる

人のいない所でのみ叱り、人前では公然とほめることは、きわめて重要な規則である。かつて、ベネディクト・アーノルドは、米国独立戦争当時のアメリカ陸軍のもっとも有能かつもっとも勇敢な将校の一人であった。ワシントンは、大陸会議からアーノルドに公的譴責を行なうように命令された。そして、だれもがふつう高い勲章の授与を連想するような舞台装置のもとで、その譴責《けんせき》が行なわれた。ワシントンは、みずから譴責を申し渡したが、できうるかぎりほめることによって非難らしさを与えまいとした。とはいえ、それはアーノルドの血気にはやる心にとって苦々しいものであった。この譴責は、アーノルドの心にうずいて、後年の反逆にいかに大きな役割を果たしたかは、想像に難くない。

しかし、分別のあるリーダーは、軍法会議における数多くの糾弾を避けることができる。リーダーは、人間にはそれ以上追いつめることができない限度があることを感知している。ときには、いらいらする任務に従事して、何事もうまくいかぬことがある。心なきリーダーによって、いやというほどいじめ苦しめられることは、どんなに温和な人間でも感情を爆発させるか、かんしゃくの種を心のうちに抑圧して、盲目的に規則違反に追いやるのである。

四　処罰は指令機能である

処罰は、明確に定められた積極的規律と同様に、指令機能である。それは委任できないし、それは、告発した部隊長または合法的にも召集され、統一軍事裁判典にしたがって行動する軍法会議によってのみ、合法的に与えることができるものである。司令の地位にある士官を除いたいかなる士官も、その隷属下におかれる要員に対していずれかの処罰を加える権限をもたないのである。そのほかの士官は、司令官のために時間を節約をしてやろうとか、または被告発者が部隊長より公平な取り扱いが受けられるだろう、とかの仮定のもとに、この権限を引き受けないように注意すべきである。それらの士官は、違反した部下を艦長に報告し、違反者の将来の行動を指導するために積極的規律のテクニックを行使することができるだけである。各士官は、自分で、これらの問題が艦ではどのように処理されているかを見いだすべきである。

部下を非難する報告に基づいて、部下を無差別に懲戒裁判にかけることは、その報告が事後においておおむね根拠のないものと認められるとき、当該士官に対する直接の不名誉を招くのである。各士官は、部下を懲戒処分を受けるため部隊長の前に出頭せしめる前に、あらゆる角度から事件を調査し、部下の有罪につき確信を有する場合、またはその無罪につき重大な疑惑が存在し、公正な裁判を行なうために部隊長によるさらにいっそうの調査と、より円熟した判断が必要と思われる場合にのみ、報告すべきである。艦上の懲戒裁判は、すべての人によって恐れられ、かつ、尊敬される裁判所であるべきだから、士官はすべて部下を懲戒裁判にかけるにあたって、もっとも鋭敏な判断を行使しなければならない。

士気と団結心

よいリーダーシップの第一次目的は、よい士気をつくるにある。高い士気は、効率的なリーダーシップの指標である。士気なしには、人間行動の規制は不可能であり、いかなる失敗も、それが士気を破壊しないならば最悪の事態ではない。士気は、リーダーのフォロワーに対する信頼、フォロワーのリーダーに対する信頼、各自の自分自身に対する信念、さらに両者の大義に対する信念に立脚している。

一つの通俗的な定義によれば、「士気とは、君の頭ができないと思うものを、君の手足にさせるもの」である。部隊または分隊の士気は、その部隊または分隊の個人の士気の総和である。士気は、個人の関連する集団または部隊の個人的または私的態度および社会的態度に係わる。いかなる部隊も、その部隊の個人の一定の個人的、社会的欲求を満足せしめないかぎり、高い士気の状態に到達することができない。

個人に高い士気を注入する前に、個人は、まず第一に一つの積極的な目標を与え、日々の生活を有意義で生きるに値するものたらしめる、個人的確信および基準をもつべきである。第二に、個人は、自己の目標または部隊の目標に到達するために完了し解決すべき具体的な課題および問題を知らなければならない。個人が集団と緊密に一体化できるに先だって、集団はふつう、有形的かつ満足すべき報酬を提供しなければならない。言い換えれば、部隊全体の運用計画の一環として、完成すべき当面の課題が存在しなければならない。第三に、個人が緊張時にみずからの士気を持続するため、個人の基本的確信および目的が部隊のほかの成員と調和が保たれていなければならない。さもなければ、集団の行動の調整がとれなくなり、部隊の失敗の可能性は著しく増大するであろう。

初級士官は、どのようにして、部隊の士気づくりを進めたらよいか、またどのような場合に士気の昂揚するよい部隊をもっていることがわかるのだろうか。実際上、個人の部隊が高い士気の状態にあるかどうかに、つい、疑念の生ずる余地はほとんどないだろう。——分隊によってかちえられた成果が解答を与えることになるからである。

次に掲げるのは、個人、部隊の双方が高い士気をつくり、かつ、これを維持するための指導原則である。しかし、リーダーは、取り組む課題の容易でないことを知るだろう。それは、リーダーがたえず努力すべき課題である——いつも、リーダーの一つの意思決定、一つの行為が部隊全体の士気に影響をおよぼすだろうことを念頭に入れながら——。

士気づくり

軍隊の成員の士気については、古来、多くのことがいわれてきた。ナポレオンは、士気は物にくらべて三倍も重要であると喝破した。また、軍隊は気分によって動くといったのは、ナポレオンだと信じられている。これはすべて、軍人の心理状態がそのなしうるところにきわめて大きな関係をもつ点を強調したものである。士気に与えられた定義は少なくないが、士官としてのリーダーにもっとも関係の深い定義は、次のとおりである。士気とは、集団におけるメンバーシップに報いがあり、かつ、満足するものたらしめる、すべての事情によって生み出された個人の心的状態である。それは、軍人が個人として、集団の成員たることから得ているもので、その心的状態を決定するものである。個人の生活状態、食物、宿舎、規律、給与および職務は、すべて関係をもっている。個人が集団の成員としてどれほど重要と感ぜしめられているかが、その者の士気の一定時点における状態の良否の程度を決定することになるであろう。

「士気とは小さいことの積み重ねである」といわれている。これほど、この重要な要因を正確に表わしたものはあるまい。なぜならば、人間に満足感を覚えせしめるすべてのものは士気を増強し、個人としての人間を煩わすすべてのものは士気を低下せしめるからである。リーダーの地位を望む士官が部下の一人一人について可能なすべてのものを知るという、困難で一見割りの悪い課題に取り組むとすれば、こうして得られた知識は、部下を警戒待機させないような、かつ、部下のなしうる仕事をフルになさしめないような問題を攻撃する信頼すべき武器を与えることになるであろう。

リーダーがたえず分析し、是正しなければならぬ一定の要点がある。リーダーは、次のことをしなければならない。

(1) 部下の態度は、士気の信頼すべき尺度であることを認識すること。
(2) 高い士気は規律と能率を兼ねる集団のなかにのみ存在することを認識すること。
(3) 部下の士官に対する態度の重要性を、士気の一要因として認識すること。

リーダーは、士気が次の方法によって測定できることを理解しなければならない。

① 検査。組織の外観がスマートで、設備が効率的に操業されている状態にあるとき、士気は高い。
② 部下との面接。部下が幸福で満足しているとき、士気は高い。逆に、部下が拘束され不幸であり、配転を望んでいるときは、士気は低い。

士気が高いとすれば、各人は次のように感じるにちがいない。

a　海軍にとどまることが自分にとって望ましい。
b　海軍の方針や慣行は、とくに自分自身の部隊に適用するかぎり、妥当であり、健全である。
c　自分の訓練は、徹底的で良好である。仕事をするように要求されて、それを立派に行なうことができるとき、仕事の達成感は士気を改善することになる。
d　自分の仕事は、能力と関心に適している。
e　自分の仕事は、正しい認識と報酬を受けている。
f　自分は変わらぬ公平な待遇を受けている。
g　自分の生活状態は、条件の許すかぎり良好である。
h　自分の健康と個人的問題は、よく面倒が見られている。
i　自分は海軍の要件の許すかぎりレクリエーションのための自由時間と機会を受けている。
j　自分は第一級の部隊の認められた成員である。

高い士気をつくりかつ維持することを望む士官に対しては、次のことを一般原則とせしめる。士官は、次のことを行なうべきである。

イ　部下に専門的能力について自信をいだかしめること。
ロ　部下の問題や希望についてたえず連絡し、部下の福祉について慎重かつ継続的に配慮すること。
ハ　部下に影響ある方針や慣行に関する情報をたえず部下に知らせること。
ニ　職務配分や論功行賞についてあくまで一貫した公平な態度をとること。
ホ　部下を尊厳をもつ人間として尊敬し、かつ、部下と一緒になれたことを誇りとしていることを部下に示すこと。

ヘ　たえず部下の態度についての情報を知っておくこと。
ト　部下が最大限に近づきやすいようにしておくこと。
チ　部隊機能の計画実施に積極的に参加すること。
リ　下士官が確実に部下の福祉を念頭において仕事を遂行するように、積極的に問題を監督すること。
ヌ　部下が十分な教育開発の機会をもつように注意すること。
ル　常に友好、慇懃かつ如才ない態度で接すること。
ヲ　部下各人の名前を知ること。

士気づくりをする士官に対して、下記の具体的な点を勧告したい。

i　士官は、部隊が食物の質、調整の両面につき、できるだけおいしい食事をとれるよう注意すること。
ii　たえず部隊の保健衛生状態を点検すること。
iii　部隊の衣服や装備が十分であり、クリーニングが能率的であるように配意すること。
iv　部下が適当の自由と休暇をとることを確保すること。
v　部下が昇進、褒賞、特権について、公正な待遇を受けることを確保すること。

若い人は一般に辛抱強くないものである。これに、新任士官や新入水兵が比較的重要でない仕事を与えられることが加わって、挫折感を生みだすものである。初級士官は、部下の仕事について、二つの事柄を部下に認識させるべきである。第一は、機械のベアリングへの給油は、艦長の艦艇取り扱いと同様、艦艇の正しい運航にとって重要であることである。第二は、立派にやり遂げたすべての仕事は、その後のよりよい仕事につながるということである。有能な糧食部が製造したピカピカの調理室は、艦長の側のよいリーダーシップと同様、艦の士気に寄与することができる。初級士官は、自分自身または部下をして、重要でない仕事はない、ということを見失なわしめることがあってはならない。

いずれかの場所を問わず、単一の士気の最大の破壊要因は、長時間の無活動とそれにともなう退屈であろう。他方、どんな個人でも、すべての自分の時間が拘束されることを好まぬものである。すべての人は、自分の思いどおりにやれる、くつろぎと自由の時間を楽しむものである。あまりにも長時間にわたる、あまりにも多い活動は、あまりにも少ない活動同様、その結束において、不運となるほかはない。たとえば、練習をやりすぎた運動家は、「疲れて、生気がなくなる」ものである。遊びなしの仕事は、人を愚鈍にするのである。賢明にして思慮深いリーダーは、たえず部下の士気を注視し、それを高いレベルに維持するために全力をつくすことになろう。余暇活用の問題は、今日では起こりそうにもないが、過去において存在したし、将来再び起こりうることが考えられる。強制待命のときには、「談話会」、コンテスト、トーナメント、プロジェクトや競争練習さえも行なうことによって、多くの余暇の善導もなされよう。それが何であっても、怠惰や退屈よりはましである。

今日の海軍における問題は、業務スケジュールが重すぎ、作業が多すぎ、なすべき時間が少なすぎ、家庭から離れている時間が多すぎることにあるようである。もしこのことが実際となり、士気に悪い影響を与えるとすれば、このことを上級士官へ報告し、事情緩和のためにとるべき適当な措置を考慮するのが、有能なリーダーの義務である。情報は下方へも、上方へも流れなければならない。

団　結　心

団結心とは、集団の成員に浸透している共通の精神である。それは、集団に対する熱意、献身および集団の名誉に対する熱い尊敬を意味する。士気は人または多人数のことを指して使われるが、団結心は部隊の個々の成員間の、成員とリーダー間の、その奉仕する組織に関する全員の間の明確な絆を具現する集団精神である。

団結心は、かならずしも、能率のよい、よく訓練された部隊に現われるとはかぎらない、それはまた、ほかの部隊との競争に成功している部隊に全面的に依存するものでもない。団結心をつくりだすことは、能率や規律をつくるほど難しくはないが、つまるところは、それは集団努力の推進力である。部隊が能率よく、立派に規律されており、そのうえに、真の団結心をもった場合には、それは無敵な部隊となるであろう。

団結心は、下記によって表示または測定される。

(1)　部下の部隊に対する熱中および誇りの表現。
(2)　他人の間の部隊の名声。
(3)　部隊間の競争心。
(4)　緊張状態のもとにおける部隊の持久力。
(5)　部下の部下相互およびリーダーに対する態度。
(6)　部下が進んで互いに助け合う態度。

前記(6)の点は、団結心のもっとも正確な尺度である。部隊に団結心を築きあげる士官は、部下に対してこの兄弟愛の価値を指摘すべきである。小さな緊密に結ばれた部隊にあっては、仲間への援助は常に配当を支払われる投資であると部下を説得することは、簡単な問題である。

たとえば、だれかが積み荷をしているとき、船の甲板にはだれ一人腰をおろす者がいなかった。教養のある機関兵曹長は、その余暇を当番兵の教育に費やした。そして、困難な仕事をやらねばならないときは、全員が直ちに志望した。艦上に勤務するすべての新人は、自分が必要な人間であること、全員が自分を助けたいと思っていること、自分は共同生活と共同作業を楽しんでいる組織の一部員であることを、すぐさま感じさせられるのであった。

最後に、五人の幹部兵曹長が、アジア基地に三年六か月の兵役を完了して、アメリカ本国へ転勤すべきときが訪れた。これらの人たちは故郷へ帰る日の喜びを数週間も語り合っていた。だが、国際情勢は緊張していた。彼らは、転勤する前日、連れだって艦長のところへ行って、艦に留まりたいこと、戦争があるかもしれないので、艦を離れることができないこと、戦わねばならぬときは過去三年間も生活をともにした将兵とともに戦いたいことを申し出たのである。時は、一九四一年（昭和一六年）一一月一五日であった。

次の諸問題は起こる可能性があるが、それらが克服されないかぎり、団結心の達成と維持は困難であろう。

① リーダーシップに対する信頼の欠如。
② 部隊において葛藤する部下集団の存在。
③ 部隊の実績を妨げる非協力者の存在。
④ 部隊人員、とくにリーダーの急な移動。
⑤ 部隊の偉業に対する正当な表彰の欠如。

海軍士官は、人事の急な異動を防止し、部隊の勤務個所および勤務割当を自由に選択することについてはなんらなすすべがないが、これら要因の重要性を認識し、統制を及ぼしうる問題に対して多大の注意をはらうべきである。部隊に対する真の精神と誇りは、各成員が集団の共通の利益を認識し、共通の目標に対して協力するときに、培うことができるのである。この精神は、各人が集団の成員たることより得る満足に依存し、次の事項によって助成される。

ａ　各成員がほかの成員からえる承認。

ｂ　非協力者の不承認または処罰。

ｃ　ほかの集団における基準との競争。

ｄ　集団の成功とそれに与えられる表彰。

ｅ　儀式およびメンバーシップのシンボルの使用。

合衆国海兵隊は、多年にわたりほかの三軍の羨望の的である団結心を維持してきた。これは、前述の原則に対する厳密な注意によって達成されたものである。士気と規律と相まって、この集団心は海兵隊を無敵不敗のものたらしめている。――この言葉の真理は、海兵隊がいまだかつて一度も軍事目的の達成に失敗したことのない事実によって立証されよう。「海兵隊の上陸するところ、戦局は完全に掌握されるのである」。

〈注〉

(1) Selected Readings in Leadership, 1957, U. S. Naval Institute, p. 104.

(2) Selected Readings in Leadership, 1957, U. S. Naval Institute, p. 102–103.

第13章　組織と管理

組　織

リーダーシップと密接な関連をもつのは、組織である。事実、両者は不可分の関係にある。リーダーは、それによって意思を行使すべき組織を必要とするからである。組織の必要性の初期の例は、モーゼの父イエトロがイスラエルの部族のリーダーたるモーゼにすすめた。旧約聖書の出エジプトの書第一八章二〇～二三の次の言葉のなかに見いだされる。

「二〇あなたは彼らにさだめと判決を教え、彼らの歩むべき道と、なすべき事を彼らに知らせなさい。
二一またすべての民のうちから、有能な人で、神を恐れ、誠実で不義の利を憎む人を選び、それを民の
上に立てて、一〇〇〇人の長、一〇人の長としなさい。
二二平素は彼らに民をさばかせ、大事件はすべ
てあなたの所に持ってこさせ、小事件はすべて彼らにさばかせなさい。こうしてあなたを身軽にし、
あなたとともに彼らに、荷を負わせなさい。
二三あなたが、もしこの事を行ない、神もまたあなたに命
じられるならば、あなたは耐えることができ、この民もまた、みな安んじてその所に帰ることがで
二三きよう。

これは、たぐいなく立派な助言であった。それは、実際そうであったように、規則・規定、法令、仕事、正式の経路（「あゆむべき道」）、隷属リーダーの資格、統制範囲、意思決定のレベルに関するものであり、最高リーダーが生きながらえ、すべての人が平穏に住めるように、リーダーシップの負担を分担するものであった。

海軍の組織は、それを通じて各部隊、司令部および陸上基地活動が運営管理される、指令系統や指揮階層を確立するものである。適正なリーダーシップをともなわぬ組織は単なる空洞の骨組みにすぎないであろう。それと同様に、非合理的な組織の運営は非能率たるを免れないであろう。

組織の原則(1)

新任士官は、一般の海軍の組織構造がすでに立派に確立しており、歳月の経過とともに試練を経てきたものであることに気づくであろう。しかし、組織構造を確立する場合の組織の基本原則については、十分に理解しなければならない。次に掲げる組織の一二原則は、いかなる組織においても高い妥当性を有するものとして、軍が認めているものである。

(1)　与えられた使命、または命令の目的を達成するために必要なすべての任務は、これを達成するため、その命令が与えられた部隊、または分隊に割り当てられなければならない。

このことは、すべての任務が、機能を重複することなしに、達成されることを確保するため、想像力の発揮と責任の分析とを必要とする。

(2)　組織の部隊および成員に割り当てられた責任と任務は、特定され、明瞭かつ十分に理解されなければならない。

この原則の遵守は、権限のラインにおける混乱を防止し、各人が自分の仕事の内容および同仕事を行なうために必要、かつ権限を付与された仕事の段階をはっきり理解することを確実にする。組織に関する指令、命令または教範を定期的に点検し、この原則の遵守を確保すべきである。

(3) いかなる任務も、これを達成するため、二部隊または二人以上に割り当ててはならない。

この原則の遵守は、担当任務の実施にあたって混乱と遅滞を引き起こす責任の重複を防止する。二人以上のうちだれかがやり遂げると思って、同一の任務を違った人たちに割り当てる人は、この原則を犯すものである。こうした慣行は、関係個人の士気と威信を低下させたり、割り当てられた任務の履行に気乗りしなくさせたりするので、基本的には不合理なものである。

(4) 組織全体を通じて、同一組織構造を使用すべきである。

このことは、たとえば標準艦艇組織のような、部隊の各分隊の標準組織を意味する。分隊レベルまでおろせば、それは、分隊の任務を実行するために明らかに必要である場合以外は、艦上各分隊が同一の組織構造を使用すべきことを意味する。

(5) 組織の各成員は、自分がだれに報告するか、だれが自分に報告するか、を知らなければならない。

(6) 組織のいかなる成員も二人以上の監督者に報告してはならない。

この原則の遵守は、命令の抵触や二重責任をともなう混乱を除く。

この原則の違反から生ずる結果は、一目瞭然である。部下は、ある行動をとるためにいずれかの監督者から受ける命令を破るか、あるいは、まったく何もしないかもしれない。

(7) 任務を行なう責任は、任務の達成をはかるに必要な権限とマッチしなければならない。

任務を割り当てられた個人にとって、監督者に任務遂行手順を実施する権限の有無をたえずチェックしなければならないことほど、欲求不満を起こさせるものはない。

(8)　いかなる司令官または個人も、効果的に調整かつ指令することができる範囲以上の部隊または個人を、直接報告関係にある部下としてもってはならない。

この原則（統制範囲）の違反は、必要な仕事を遅滞させ、組織のすべての細目についてみずから検討しコメントするのが役目と考えている監督者や司令官に対し、アイデアを出すのを阻害するため、士気と能率の低下を招く。

(9)　ラインの正常な指令系統は、幕僚メンバーによって侵犯されてはならない。

この原則は、もっぱら、「ライン・スタッフ」の組織形態に適用される。それは、司令官の幕僚は、司令官の名において、指令系統下の部隊を直接経由して仕事をしなければならないこと、幕僚はけっして部隊司令官をバイパスし、また部隊組織の対応部員と直接作業してはいけないことの根本思想を宣言している。しかし、このことは、分隊長または幕僚メンバーが、諮問の資格または非公式の建前で相互に協議することができないというのではない。

(10)　行動の権限と責任とは、できるかぎりそれらの権限と責任を引き受ける資格のある隊員にふさわしいレベルまで委譲されなければならない。

この原則は、必要な政策の統制や手順の基準化が委譲の過程で見失われないかぎり、最大限の分権を意味する。

(11)　上級士官は、細かな手続きよりもむしろ、方針《ポリシー》によって統制を行なうべきである。

また、この原則の違反は、第(8)原則に指摘したとおり、司令官の側における枝葉末節に注意を向けることを意味する。権限は、方針に係わることを除いたすべての事項について措置がとれるように、部下に委任しなければならない。

⑿ 組織は、部隊に割り当てられた任務の許すかぎり簡潔につくられるべきである。組織および手続きは、使命の割当任務の効果的達成を妨げるほど煩雑なものとなってはならない。

組織計画の評価に関するチェックリスト

① 命令の目的達成に必要なすべての機能が与えられているか。
② 排除されるべき不要の機能が与えられていないか。
③ 各組織単位の機能、責任、関係および権限がはっきりと定められているか。
④ 機能が正しい組織単位に割り当てられているか。機能は、当該組織単位内に正しくまとめられているか。
⑤ 組織の構成単位間に機能、責任または権限が重複していないか。
⑥ 権限は責任に見合っているか。
⑦ 組織構造は、組織の要求を果たすことができるような、もっとも簡潔な形式をとっているか。
⑧ 組織は正しいバランスがとれているか。あまりにも多くの部隊が一人の長の責任となっていないか。
⑨ 運用結果に対する責任が明確に確立できるように、機能、職務、責任および権限が委譲されているか。
⑩ 組織は、内部チェック、および内部統制に適しているか。

⑪　タイトルそのほかの組織の名称は、はっきりと記載され、一貫性をもって使用されているか。

⑫　個人が組織の計画に適合するように選抜されているか。それとも、組織計画が個人に適合するように作成されているか。

指令系統の統一

艦長または司令官は、艦の組織の長である。艦長の直属部下は、その「副官兼副長」であり、一般に副長と呼ばれる。艦長の命令に服するすべての艦上部員は、副長の命令があたかも艦長から直接に出たものとみなして、副長の命令に服する。艦長への接近《アクセス》は、通例、副長を通じて得られる。例外は、作戦士官、航海長、甲板士官であり、これらの士官はすべて、航海上および作戦上の問題について直接かつ即時に艦長に接近《アクセス》する。もちろん艦長は、直接作戦に影響を与える問題について管区長と直接に相談することができるが、副長は討議事項についてたえず連絡を受けるべきである。

副長の一階層下にあるのが、作戦、航海、砲術ないし甲板、機関、医務、補給、航空（空母、水上機母艦）および修理（母艦）の諸管区長である。これらの各管区には、一つまたは二つ以上の部があり、各部は、さらに課そのほかの組織単位に分かれ、各課そのほかの単位は、さらに細分される。ジョン・V・ノエル大佐著『分隊長心得(2)』第三章では、とくに分隊レベル以下の艦上組織についてよく説明している。

組織の末端がだれによって占められようとも、その最低職位から艦長まで伸びている直接接触《コンタクト》の順序がある。これは、しばしば、公式経路または指令系統と呼ばれる。請求および情報は上方へ流れ、命令および情報は下方へ流れる。

指令系統の活用

非常の場合を除き、すべての業務は、この指令系統を通じて行なわれる。前記旧約聖書の例のように、「重要な問題」は艦長へ送られて決裁を仰ぐけれども、「一般問題」は下部レベルにおいて判断される——レベルがより低ければそれだけよい。このようにして、艦長が「重要な問題」に直面しているときに対処できなくならないように、おびただしい瑣末な問題に圧倒されることを防ぐのである。

管理

管理《アドミニストレーション》とは、「マネジメント」、「コントロール」、「ディレクション」——執行機能の行使——を意味する。組織と管理とを峻別することが大切である。前者は道具であり、後者はこの道具を使用する方法である。前者は形式であり、後者は行動方式つまり、それは仕事自体である。

戦争が教えた最大の教訓の一つは、近代軍事作戦が成功を勝ち得るには、優秀な管理面の支援を要することである。管理上の支援がなければ、必然的に複雑化し広範にわたる活動は少なくとも時宜を得て実施することができないであろう。そして、活動が時期を失すれば、それは通常ほとんど価値のないものとなってしまう。そこに、多くの艦隊、部隊のスタッフを陸上基地にかかえている必要があるわけである。広範囲にわたる厖大な作戦の管理は、海上艦艇のかぎられたスペースや施設において能動的に実施することは不可能であろう。

海軍のおびただしい平時の活動がその管理面に大きく依存することはきわめて明白であり、今さら論ずるまでもあるまい。掃海装置の配管作業から標的射撃訓練演習にいたるまで、ほとんどすべての職務は、その大部分が管理の仕事である。造船所、部局そのほかの海軍基地であるとを問わず、わが海軍の大規模沿岸施設における士官の作業は、少なくとも九五パーセントが管理面である。組織の欠陥はよい管理によって埋め合わせがつくが、どんなによい組織でも、悪い管理の罰を免れるわけにはいかない。司令官は永久に命令・規則を出すことができるであろうが、運営面において正しく実施されるように配慮しないかぎり、それらの命令・規則は有名無実となるだろう。

したがって、管理はリーダーシップのもっとも重要な要素の一つである。いかなる士官も、この原則を理解し、適用しないものは、十分に有能なリーダーないし士官たりえないであろう。

管理の支配的な原則は、単一の指導計画と推進力のもとに、目標を達成するための協力である。管理の中心目的は、調整である。それは、すべての関係者がこの目標を共通に知ることである。協力する組織が同目標の達成計画を共通に知ること、規律の維持をはかること、効率的な仕事を実施すること、そして一般の忠誠心を確保することである。

これらの原則を述べることは、海軍士官がかつてそれを認識しなかったとしても、管理とリーダーシップとの緊密な関連性を今こそ認識できることになるだろう。

成功する管理は、管理者の精神からにじみ出てくる、根本にある条件に依存している。それらの表われは、リーダーの部下に対する一般的態度、その規律機能に対するアプローチの仕方だけではなく、リーダーの個人的行動および他人の管理統制において堅持する態度の一貫性である。各人は、いつでも、できるものとできないものと――自分に期待されていることと、他人のすること――をわきまえるべきである。そうすれば、各人は適応できるであろう。

管理者としての海軍士官

いったん組織が確立され、人が違った責任階層へ選定されると、組織が機能しはじめる。海軍士官は、組織の長として、管理者たる役目を果たし、その役割において、士官の海軍における時間の最大量が費やされる。管理者として海軍士官が関係するのは、はっきりした点をいくつかあげると、衣服、給食、給与、訓練、教育、家庭問題、郵便物、レクリエーション、上陸許可、休暇、部下の賞罰などである。士官はこれらの項目の多くに直接の責任を負うものではないが、部下があらゆる場合に最善の配慮が得られるように、たえずこれらの事項を厳重に観察することによって、これらの項目に関する条件を改善することができる。

前記諸点はすべて、司令部の各人の心理的、精神的福祉に大きな関係をもっている。これらの諸点やこれに関するそのほかの細部に対し細心の注意を払うことによって、士官が部下に対して心からの関心を抱いていることを示せば、部下はリーダーに対して心からの信頼と尊敬の念をもつにいたるであろう。リーダーは、部下の福利に誠実な関心を示すことによって、部下を親しく知り、だれがより信頼できるかを知る。軍隊で部下をうまく取り扱うために不可欠な、相互尊重と相互理解の広い基盤は、ここから生ずる。

不幸にして、士官のなかには部下に技術的職務の訓練をしたら万事終われりとし、事務的細部は部下に監督させるべきだ、と考える者がいる。しかし、部下の毎日の実績に影響を与える事務的細部を知るためには、士官は、細部の実行を兵曹長そのほかの後輩に委任すべきであるとはいえ、これらの細部事務の執行を積極的に監督しなければならない。管理者の役割として、初級士官は部下の仕事を監督しなければならない。

しかし、海軍士官はどのようにして監督するのだろうか。それは、もっぱら、方針、手続きおよび個人的監督によってである。この最後の、個人的監督は、第一次的に初級士官の職分に該当するのである。

方針《ポリシー》

方針とは、上司の設定した広範な目標を述べたもので、部下が部隊の与えられた使命を達成するために必要な決定をする際に、よい判断、能力、イニシアチブの発揮を可能ならしめるものである。艦長が発する方針は、部下の将来の行動を律する基礎となるようなものでなければならない。それは、艦長の課された使命が変更される場合にのみ漸次発展的に変化する、継続的性質のものでなければならない。方針の主たる目的は、反復的状況においてとるべき措置をあらかじめ承認することである。

したがって、方針は、最小の監督をもって行動の一致をはかるものである。方針による統制は、はるかに程度の大きい権限の委譲を可能ならしめ、部下の実績評価の基礎を与える。担当者が一意専心すべき目的について教え込まれている場合には、既存方針のなかでとられた行動の再検討の必要性は最小化される。

手続き

手続きは、だれが一定の仕事を行なうか、その責任はなにか、どんな順序がとられるのか、を決めるものである。手続きを設定することによって、正しい統制が簡素化され、定型化される。

手続きは、現行手順がなお必要であり、出来事の推移とともに旧式化しないことを確認するため、定期的に審査しなければならない。

個人的監督

これは、正しい権限の委任、定型的な仕事または練習の計画化、適切な検査による統制に係わるものである。仕事の正しい説明が行なわれるだけでは十分でない。士官は、完成された仕事が、自分自身ないし上司の納得のいく程度に行なわれたことを確認しなければならない。

上司は、組織内の士官ないし下士官が与えられた仕事を十分に行なっているかぎり、みずからその仕事をけっして行なってはいけない。仕事を与えられた者ができない場合には、だれかほかのできる人に与えるべきであり、仕事ができなかった者には、なぜ更迭されたかを告げるべきである。

初級士官は、艦に到着後、この原則の直接の違反を二、三目撃するかもしれないが、能力ある兵曹長にすでに委任した仕事に手を触れないことの重要性を認識しなければならない。士官は、磨耗したベアリングを機関兵曹が取り外すのを手伝うため、みずから作業服を着て、クランク室に登って入る誘惑を抑えなければならない。このような措置によって、士官は兵曹長の責任を免れせしめるとともに、部下の面前で兵曹長の威信をおとすものである。これに加えて、士官が兵曹長の能力を信頼していないという感じを本人に与え、その後、兵曹長の仕事の能率の低下するのは間違いない。さらに悪いことには、仕事の一つの細部に集中することによって、初級士官は、組織のほかの仕事に対する監督を弱めるのである。士官は常に、リーダーの仕事は責任を負い監督を行なうことであって、「出しゃばり」の役割を必要とするものでないことを想起すべきである。

若い士官が初めて組織を管理する場合には、部下各自の職務と責任とがすでに明確に定められているように思うにちがいない。なるほど、一般の職務と責任は規定されているが、真のリーダーシップとは、組織がたえず変化する要請に適合させることである。多分、甲板兵曹がやって来て、砲術兵曹が全員を操縦室のペンキそぎ落としに使って手放そうとしないため、用品を積むことができないと苦情をいうかもしれない。あるいはこれに類した事態は数多くあるだろう。士官は、部下とくに兵曹長が自分の職務と責任の限界を知っていることを確認することによって、トラブルの発生前に原因を除くべきである。

これを行なうにあたって、士官は、これを避けるためには、だれも二人の長に仕えないことを確認しなければならない。言い換えれば、指令系統は一つの組織の別の指令系統と無関係でなければならない。

士官が部下から提案を得ることはきわめて容易であるが、士官は提案が欲しいことを部下に知らさなければならない。そして、部下の意気込みに水をさすことなしに、価値のないアイデアを審査のふるいにかけておとす用意がなければならない。このことは、かなりの駆け引きと時間を必要とする。というのは、リーダーが各人になぜそのアイデアが採用できないかを明らかにしなければならないからである。これに関連して忘れてならないのは、多くのアイデアが最初に提出されたとき、それほどよいものと見えないということである。したがって十分に時間をかけて審議し、他人と討議するまでは、新しい考え方を却下しないように注意すべきである。最初に提案されたとき、アイデアを受諾または拒絶の措置をとらないことがよいと思われる。提案の主題についての考えを完全につかむまで、提案者に質問し、次に、士官みずからそのプロジェクトについてさらに審査の時間をもつまで、判断を留保すべきである。

若い士官は、部下にアイデアを提出するように説得するのにどうやって始めるかについて、案じるかもしれない。まず、部署で提案の問題について士官の方針はなにかを部下に話すべきである。次に、部下のアイデアと研究に強い関心を示すべきである。これがすべてだ。各士官が前記の簡単な規則を守れば、すべてのよい改善提案が活用されない理由はない。

リーダーシップは、もっぱら、人間行動に影響を与える術であるから、リーダーは、フォロワーとの接触を断ち切ってはいけない。もし断ち切れば、フォロワーはだれかほかの者にしたがうであろう。フランス革命において、リーダーの一人が路傍のカフェーのテーブルに腰をかけ、一人の友人とコーヒーを飲んでいた。そのとき、群衆の一団が街を走りくだって来るのを見た。友に中座することを弁解しながら、そのリーダーがいった。「あそこに行くのが私のフォロワーだ。駆けつけてみんなの先頭に立たねばならない!」。

リーダーシップは、象牙の塔から実践されるべきものではない。リーダーは、日常の問題について毎日一定の時間を定めて部下の相談に乗ってやるべきであり、非常事態にめったに連絡のとれない場所にいるべきではない。リーダーが日常の問題を話し合う定期的時間をもち、定例的に会える場所をもっている場合には、リーダーは、部下が四六時中小さい問題をもち込むことによって、煩わされることがないであろう。必要なときボスに会えないほど、多くの部下にとってじれったいものはあるまい。ボスに会うために後を追いかける場合には、日常の問題も緊急事態の様相を呈し、そして緊急事態が危機となるのである。

権限の委譲

部下が上官に代わって、しかも通常上官に関係なく措置をとる権限を与えることは、権限の「委譲」として知られる。リーダーは要求されるあらゆるものをみずから行なうことができないから、この原則を最大限に使用すべきである。それはリーダーにある種の負担からの解放を与えるだけではなく、それは部下に対するすぐれた訓練となるのである。どの権限を、いつ、だれに委任して成功を収めるか、それは、知識と経験から生まれる健全な判断力が必要である。

一定の仕事を上官に代わって行なう権限を委任することは、その上官が自分の上役に対して負っている仕事を立派に達成する責任を解除するものではない。「だれそれに権限を委譲した」といっても、仕事のへまや失策の釈明として満足すべきものではない。権限を委譲する士官は、仕事の受任者に対して正当に責任を負わしめることができるが、委譲者自身もまた、その仕事を士官に与えた上官に対し同様の遂行責任を負わしめられるのである。

しかし、一定の仕事については、権限を委譲することは絶対に許されない。たとえば、司令官は統一軍事裁判法によって認められた刑罰を科する権限を、部下に委譲することを禁じられている。

バイパスすること

指令系統において一人または二人以上を飛び越えることは、「バイパス」として知られている。海軍ではだれでも、意思伝達にあたって望む者はだれもが飛び越えて、どの部下とも直接に連絡する権利を有するが、緊急事態の場合を除くほか、この権利はけっして行使されるべきではない。第一に、バイパスされた人は上官の信頼がないと思い、上官と部下に憤りをいだくかもしれない。第二に、将来バイパスされた人が類似の状況下で行動をとることをためらうかもしれない。(「この前ボスは私に相談なく処理したのではないか」ということを思い出すからである)。第三に、上級士官は、部下に代わって仕事を行なうことによって、部下を援助するのが役目ではない。部下に指示を与え、必要に応じて部下を指導すべきであるが、けっしてその下枝を刈り取るべきではない。第四に、上級士官の行なうべき自己教育は、より高度の指令のためであって、より低次の指令のためではない。

緊急事態の場合、責任ある士官は是が非でも措置しなければならないが、時間が許せば、その過程でバイパスした人に対して事情を説明すべきである。しかし、上級士官が純然たる日常の仕事を行なうため初級士官をバイパスする必要を認める場合には、上級士官は自分自身、初級士官および海軍に対して、初級士官からその日常の仕事を解除する責任を有する。しかし、そのほかのいずれの事情のもとでも、バイパスの慣行ないし方式ほど、指令組織を効果的に破壊するものはない。

この上から下への方式を逆にして、一人ないし二人の上級士官をバイパスすることは、もちろん、非常事態を除くほかは、不愉快な結果をもたらしがちである。第一に、自分の組織——すなわち、バイパスされた上級士官のおかれる職位——のなかで何が起こっているかわかっていないといわれるほど、その人にとっていやなことはあるまい。第二に、バイパスされた人自身が当該問題について有利な措置をとることができたかもしれないし、あるいは、司令官が措置をとる前にその意見ないし勧告を求めるかもしれないのである。緊急の場合には、初級士官はためらうことなく行動すべきであるが、そのあと直ちに、バイパスした上司に対してもひとしく機敏に連絡すべきである。

協力

艦の組織における能率と調和に不可欠の要件は、いくつかの部門の間やいくつかの分隊の間に心からの協力が存在することである。紛争を解決することは、一般に時間を浪費する実りのない仕事であり、だれにも喜ばれないものである。人間は、たんにレッテルをはられ線で結ばれた組織図上の小さい四角ではない。ある人はけっして十分に仕事を果たさないし、ある人はしばしば自分の仕事をはみだして他人の機能を横取りしたりで、一つのポジションの要件に完全に適合する人はほとんどいない。一定量のギブ・アンド・テイクの協力が必要とされるゆえんである。

計画

組織の効率的運営には、リーダーのもっとも効果的な「時間」の活用が必要である。時は常にすぎ去り、二度と戻らない。時間はエネルギーや物質が浪費されるように、浪費される。時間はまずい計画、不徹底な指示、遅延および貧困な装備などによって失われる。

ビクトル・ユーゴーは、「毎朝一日の手順を計画し、その計画を実施する人は、もっとも忙しい生活の迷路を縫うて行く、道しるべの糸をもっている。しかし、手順をきかず、時間の処理をただ事件の成り行きに委ねる場合には、やがて混沌たる状態が支配するであろう」と語っている。

仕事の計画を立てるにあたっては、士官はできるだけ多く、部下の時間と能力を活用すべきである。与えた義務の履行を助ける場合には、いつも計画は書いて行なうべきである。上級士官は同じ組織のほかの者がすべき仕事をみずからなすべきではなく、自分自身の管理者の負担からすべての不要の細分事項を排除するよう努めるべきである。

部下に正しい指示を与えない場合には、多くの時間が失われる。部下が違った艦に出頭したり、艦艇が間違った桟橋に航行し、トラックに満載した器材が違った都市へ行ったりするのは、部下が何をなすべきかを当然知っていると上級士官が思ったためである。これを防ぐ唯一の方法は、上級士官がはっきりと簡潔に指示を与えることである。また優れた方法は、部下に与えた命令を復誦させることである。このようにして、リーダーは部下が命令を理解したかどうかを決めるだけでなく、命令を与える際の自分自身の能力を覚えるのである。部下が上官の指令を知っているのは当然のことと、けっして思ったりしてはならない。誤った指令にくらべれば、反復は小さい誤りである。

遅延は時の盗人である。それは、「今日なすべきことを明日まで延ばす」という理論に基づいている。この方式にしたがう士官にとって、ペーパー・ワークはやがてけっして克服されない障害の山となるのである。机の上の書類は、だんだん山と積る。こうした事態の心労と心理的緊張はひどいものである。士官は今日の仕事は今日するように決心しなければならない。士官が夜分に本艦を離れるとき、万事片づいて翌朝出る運びになっているのを知ることは、満足感を覚えるものである。この慣行を実践する士官はより能率的となり、部下はもちろん上官からもより尊敬されるであろう。

点検《インスペクション》

上は大将より下は少尉にいたるまで、海軍士官のもっとも重要な職責の一つは、艦艇の保守清掃である。「あらゆるものが一つところにきちんと」というのが、立派な艦艇で数世紀にわたって守って来たモットーである。平時において、船の清掃は未経験な水夫にとって「つばをつけてごしごし磨く」日常作業の外観を呈するかもしれない。したがって、士官は部下に対して清潔な艦艇の価値を、その戦闘能率に関連づけて説明し印象づけなければならない。危急のときに応急器材が保管場所から紛失したため、多くの艦艇が失われた。沈み行く船の中で、衣類を不注意に漂流させて足にからませたため、または非常戦闘灯が試験または交換されなかったため、多くの人が甲板の下で落とし穴にはまったのである。火災は通風ラインの塵埃のため、または緊急遮断弁のねじ山のペンキのため、コンパートメントからコンパートメントへと蔓延した。海軍では、多年の戦争体験によって、沈まず戦闘する艦艇こそ清掃と積荷の細部に完全な注意を払うものであることを学んでいる。

身なりや外観の清潔さもまた、軍の能率に関係がある。身だしなみがいい、清潔な人は、宿舎の小ぎれいさ、清潔さを主張する人であり、戦闘中負傷した場合、汚い皮膚や衣服からの伝染の危険のない人であり、常時救命胴衣、救急処置箱、ナイフ、懐中電灯を非常事態用に備える人である。なお、清潔な乗員を擁する清潔な艦艇は、幸福な船である。不清潔や乱雑のなかに住むことを楽しむものはいないからである。

清潔や秩序を高い基準に維持するには、担当士官の側の多大の努力が必要である。部署における身なりの定期点検は、立派な身だしなみを見せ、または、身なりに改善の跡を示した者に称賛と激励の言葉を与えつつ、注意深く行なうべきである。公式点検が行なわれる場合には、士官は各人、各器材の厳重な点検が行なわれることを確認すべきである。いち早く点検の発表をしながら、次に点検を全然行なわないか、もしくは不熱心に行なうことぐらい、点検の価値をそこなうものはない。大いに苦心して身なりや器材をきちんと清潔にした場合には、点検を受けたがるものであるが、もし点検を受けないとすれば、やがて点検に無頓着、無関心となるものである。

以上のほか、士官は部下に与えた居住地域や装備の抜き打ち点検をしばしば実施して、整頓と準備とが検査官のために行なう演出よりもむしろ習慣となるようにすべきである。

点検とはよくないところを捜してとがめることだ、と考える士官が少なくない。これは点検の価値のほんの一小部分にすぎない。部下が自分自身と仕事に対してもっている誇りの念を高めるのに役立つ簡単な規則は、仕事を当然やるべきように立派にやらなかったことを指摘する前に、立派にやったことに対して部下をほめることである。

この典型的な例は、コンパートメント清掃の任務を与えられた見習水夫の場合である。点検のつど、分隊長はその清掃夫の仕事のあら捜しをするよりほかはなかった。当初清掃夫は欠点を矯正しようとして一生懸命努力をし、次いで同士官がその欠点に注意し、その改善について何かいうのを待った。ところが、このことはけっして起こらなかった。そして、清掃夫がどんなに一生懸命努力しても、相変わらずあら探しを続けた。そこで、水夫は最後にいった。「掃除しようがしまいが同じこと。いつもどなられ通しだ。もうきれいにすることはご免だ」。

士官または兵曹長は、部下からよりよい仕事を期待するならば、ほめたり激励したりして部下の労に報いなければならない。

コンパートメントが例外的に清潔な人や身だしなみが抜群によい人については、公の場でほめるべきであり、また適当な称賛の辞を軍隊勤務成績表に記入すべきである。

標準以下の業績は慎重に調査し、原因を確かめるとともに、欠陥を是正するために必要な措置を講じなければならない。しかしながら、士官はできるかぎり、なんらかの公の非難もしくは懲戒処分を避け、もっぱら説明し、教えさとすべきである。

まとめ

組織、管理および指揮リーダーシップは、相互に結びついて切り離せないものである。どれ一つもほかの二つがなくては存続することができない。組織は指揮官が司令機能を執行するために使用する手段であり、他方、管理は組織の運営操作である。そしてこの組織は、達成すべき使命の許すかぎり、できるだけ柔軟かつ単純でなければならない。

海軍士官の義務は、その大半が管理に関するものである。日常の管理事務の実施を確保するため、士官は指令系統における部下に対する責任の割当と権限の委譲によって積極的に組織を統制しなければならない。

〈注〉

(1) Principles of Administration, Economics of National Security, Volume Ⅳ より。

(2) Third Edition, U. S. Naval Institute, 1958.

第14章　リーダーシップとアメリカ合衆国戦闘員綱領

一九五五年八月一七日、大統領命令第一〇六三一号により、アメリカ合衆国大統領は、捕虜に関する特別防衛訪問委員会の勧告にしたがって、軍隊に関する行動綱領を公布した。

行動綱領

アメリカ合衆国の大統領ならびにアメリカ合衆国軍隊の司令長官としての私に付与された権限に基づき、私はここに合衆国軍隊の構成員に関する行動綱領を定め、この命令に添付し、ここにその一部とする。

合衆国軍隊の各構成員に対しては、戦闘または捕虜の地位にある間、この行動綱領に盛られた基準にかなうよう期待する。これらの基準達成を確保するため、捕虜に服するおそれのある軍隊の各構成員に対し、当該構成員に対するあらゆる敵の努力に対抗し、耐え抜くようによりよく用意することを目的とする特殊の訓練教育を施し、戦闘または捕虜のあいだ当該構成員に期待する行動および義務について、十分に教育を行なうものとする。

国防長官〔および沿岸警備隊（海軍の一環たる役目を果たす場合を除く）に関しては財務長官〕は、この命令を実施し、同綱領を合衆国軍隊のすべての構成員に普及し、周知せしめるために必要と認める措置をとるものとする。

行動綱領の定義および説明(1)

私はアメリカの戦闘員である。私は国家およびわれわれの生き方を守る軍隊に奉仕する。私はそれらの防衛に生命を捧げる覚悟をしている。

軍隊の構成員は常に戦闘員である。戦闘員として、戦闘行動に参加すると、捕虜たるとを問わず、いかなる状況に身をおくとも合衆国の敵に反抗するのは、戦闘員の義務である。

私は決して私自身の自由意思では投降しない。私が指揮をとる場合には、部下に抵抗すべき手段がなお残っている間は、決して部下を投降させない。

個人として、軍隊の構成員は決して自主的に投降することが許されない。孤立し、もはや敵軍に死傷を加えることができない場合には、掃虜を逃れ、最寄りの友軍に再び合流することは、当該構成員の義務である。

指令官の責任と権限とは、抵抗または回避する力を有する間、自己の部隊の敵への投降に決して及ぶものではない。孤立し、遮断または包囲された場合には、救援されるまで戦闘を継続するか、敵軍を突破または逃避することによって、友軍に再会することができなければならない。

捕虜となった場合でも、私は、利用しうるあらゆる手段によって、抵抗を続ける。私は逃亡のため、また他人の逃亡を助けるためにあらゆる努力を払う。私は敵からの宣誓釈放を受諾せず、また特別の恩恵を受諾しない。

軍隊の構成員の使用しうるあらゆる手段によって抵抗を継続する義務は、捕虜という不運によって軽減されるものではない。ジュネーブ条約第八二条がこれに関係するので、これを説明しなければならない。軍隊の構成員は、逃亡できるときは逃亡し、また、ほかの者が逃亡するのを助けるのである。宣誓釈放協定は、捕虜が、その信頼と名誉にかけて、捕獲者に対し、特別の特権、通常、捕虜の釈放または拘束の軽減を対価として、一定の条件、たとえば、武器を持たないこと、または逃亡しないことを履行することを約束したものである。捕虜たる当該構成員は、決して宣誓釈放協定に署名し、またはこれを締結してはならない。

捕虜となった場合には、同僚捕虜に対して信義を守る。同僚に有害なおそれのある、いかなる情報も撮供せず、いかなる行動にも参加しない。みずからが、先任将校である場合、指揮をとり、そうでない場合、任命された者の合法的な命令に服従し、先任者をあらゆる方法でバックアップする。

密告そのほか同僚捕虜の害となるような一切の行為は卑劣であり、明らかに禁止する。捕虜は、敵に特別の価値ある知識をもっており、したがって、強制尋問を受けさせられる同僚捕虜が何者であるかを敵が識別するのを助けることを避けなければならない。

強いリーダーシップは、規律が不可欠である。規律なしには、収容所の組織も、抵抗も、生存さえも、不可能であろう。個人的衛生、収容所の衛生および傷病者の看護は絶対必要である。合衆国の将校および下士官は、捕虜になって以後も、引き続き義務を遂行し、権限を行使するものとする。捕虜収容所または捕虜集団内における先任第一線将校または下士官は、三軍を問わず、階級（または上席）にしたがって指揮をとるものとする。この義務と結果責任とを避けることができない。先任将校または下士官が、なんらかの事由により無力となり、または、行動することができない場合には、次の先任者が指揮をとる。前記の組織を実施することができない場合には、描虜の待遇に関するジュネーブ条約第七九条－八一条に定める選挙された捕虜代表の組織、または隠密な組織、またはその双方を結成するものとする。

私は、捕虜となり尋問を受けた場合には、氏名、階級、軍籍番号および生年月日のみについては答えなければならない。それ以上の尋問については、極力、答えることを避ける。私の国家および同盟国に不忠実な事項、またはこれらの国家の大義名分に有害な事項については、口頭または文書により陳述しない。

各捕虜は、尋問を受けた場合には、その氏名、階級、軍籍番号および生年月日については、ジュネーブ条約に基づいて答えなければならず、またこの行動綱領によっても許される。各捕虜は、また、捕虜としての個人的健康または福利について、適当な場合には、収容所の管理の定例事項について、敵側と連絡することができる。口頭または文書による懺悔、質問票、履歴書、宣伝録音および放送、ほかの捕虜への呼びかけ、和平または降伏呼びかけへの署名、自己批判その他の口頭または文書による通信で敵国のためになるもの、または合衆国その同盟国、軍隊そのほかの捕虜にとって批判的もしくは有害なものは、禁止される。

捕虜からなんらかの情報を確保するため、捕虜を肉体的または精神的拷問にかけ、またはそのほかのなんらかの強制のもとにおくことは、ジュネーブ条約の違反である。ただし、各捕虜は、このような待遇を受けた場合には、合衆国およびその同盟国の利益に有害な、しかも敵国に援助ないし安楽を与えるような、一切の情報の漏洩、一切の陳述の作成または一切の行動の実施を、あらゆる手段を用いて避けるべきである。

ジュネーブ条約に対する共産圏側の留保のもとでは、捕虜による懺悔書の署名または陳述書の作成は、捕獲国の法令に基づいて、捕虜を戦争犯罪人として宣告されるために使用される公算がある。この有罪決定は、捕虜から捕虜の地位をはく奪し、共産圏の計画によって、収容所の刑期を務めるまで、一切の保護を拒否する効果がある。

私は、アメリカの戦闘員であり、自己の行動について責任を負い、わが国を自由たらしめた諸原則に献身する者であることを決して忘れない。私は神を信じ、アメリカ合衆国を信じる。

統一軍事裁判法は、必要がある場合、捕虜に服するあいだ引き続き軍隊の構成員に適用される。送還されたときは、捕虜に対しては、捕虜の事情について、かつ、抑留期間を通じて、個人の権利と捕虜の条件に妥当な考慮を払いながら、その行動を調査する。捕虜となる軍隊の構成員は、自らの国家、軍隊および部隊に対して依然忠誠である継続的義務を負う。

捕虜の生活は困難である。捕虜は決して希望を放棄してはならず、敵側の思想教育に抵抗しなければならない。毅然とし、団結して敵に当たる捕虜は、この試練に生き長らえるために、相互に援助する。

締約主権国の捕虜の身分識別によせる相互関心は、捕虜が尋問を受けた場合には、その氏名、階級、生年月日ならびに軍籍番号については、不本意ながら答えなければならない、という要件をジュネーブ条約に生み出した。

ジュネーブ条約は、健康、福祉および収容所の管理に関する事項について敵側との連絡を含む、捕虜に関する数多くの権利を掲げる。適当な場合、これらの情報は、個別的に、または捕虜の先任将校を通じて、伝達されることができる。合衆国は、主権に基づいて、アメリカ人捕虜による前記の手続きの活用を許可した。

経験にてらせば、捕獲者はジュネーブ条約に違反して捕虜に強制、その抵抗力以上の強制を加えうることが認められる。しかし、捕虜に関する防衛諮問委員会は、抵抗線をできるだけ遠くに引かねばならないこと、氏名、階級、生年月日および軍籍番号の「厳格な綱領」が早期抵抗線にたいするすぐれた基礎をなすことで、意見の一致を見た。軍人は、終始一貫すべての自己の行動について責任を負わねばならない。

軍人は、自由意思の力が征服できないこと、ならびに自らの国家およびその生き方、自己のリーダーおよび部隊が世界最良のものであること、という確信を徐々に教え込まれなければならない。

もし軍人が戦う理由を知る場合、戦闘し、捕獲を逃れ、可能なら逃亡する任務を教え込まれる場合、同僚に対するたえざる責任感を注入され、任務遂行の利益と任務不履行の処罰を知る場合、敵に捕えられたときにどのようなことになるかが知らされる場合などには、これらの教化や知識は、満足すべき成果を挙げるであろう。われわれは、捕虜の数が減少し、捕虜に対する抵抗が増大し、アメリカ人が署名したという真相の色彩を帯びる敵の宣伝が少なくなることを期待できる。これらの成果は、敵が誰であるか、その手段が何であるかを問わず、期待することができよう。

翻訳者の解説

本書はNaval Leadership, second edition, United States Naval Institut, 1959. の翻訳である。原書は三〇一頁の書であるが、この翻訳では、一般の読者には直接参考にならないもの（たとえば事例研究）、いささか内容が古くなったもの（たとえば心理学の動機づけや学習の解説）の諸章を除いてある（詳細は巻末参照）。しかしながら、原書の意図したアメリカ海軍リーダーシップの内容については、本翻訳で十二分に理解できるように配慮したつもりである。

本書は、アメリカの海軍兵学校《ネイバル・アカデミー》の生徒を主な対象として書かれたものである。海軍兵学校は、ワシントンから東方へ車で約一時間の距離のメリーランド州アナポリスにあり、敷地面積約四〇万坪、一八四五年に創立されて以来（ちなみに、わが国の海軍兵学校の創立は一八七〇年）、アメリカ海軍の士官候補生養成のための教育訓練を行なってきている。現在の学生数約四三〇〇名、著名な卒業生には、アメリカ初のノーベル賞受賞の科学者アルバート・ミケルソン、海軍戦略研究家アルフレッド・マハン、最近ではジミー・カーター前大統領などがいる。また本書の出版社アメリカ海軍協会は、アナポリスに本部を置く海軍軍務専門の協会で、一八七三年に海軍の軍事・文化・科学的知識発展に寄与するため組織され、現在六三〇〇〇人以上（一九八一年当時、二〇〇九年現在は一〇万人以上）のメンバーを有し、海軍軍事関係教科書やマニュアルなどを発行している。

さて、軍事組織におけるリーダーシップは、企業におけるそれとは根本的に異なる厳しさが要求される。「戦争はゲームではない。もう戦争が絶対にないことを熱望したいが、もう一つの戦争があることよりもさらに悲劇的なことはただ一つしかない。それは戦争に敗れることである。戦争には第二位の賞はなく、さまざまな程度の敗北があるのみである（一四四頁）」といわれるほどに、極限状況におけるリーダーシップは部下の生死についての責任を負わなければならないものである。しかしながら、安定した状況での平時のリーダーシップと非常時の極度に不確実な状況を想定したリーダーシップのあり方を知っておくことは、多様な企業環境に直面している企業の指導者の役割にある人々にも参考になる点を多く含んでいるだろう。

本書を読んで、われわれがとくに興味をひかれたのは次の点である。

第一は、リーダーシップの基礎として科学的方法を重視している点である。科学的方法は学者や研究者ばかりではなく、「駆逐艦の艦長、海軍基地の部局長から末端の新兵に至るまで科学的方法は利用できるのであって、科学者の行なう一般的な手順やものの見方を学習し応用できるならば、だれでもすぐれた問題解決者になれるのである（三〇～三一頁）」。そして科学的方法の態度として、①健全な懐疑主義、②客観性、③変化への即応性ということが強調される。人間についての話は抽象的な言葉で行なわれることが多いが、正直、愛、知性、動機づけなどという抽象概念の発露は毎日観察できるので、人間行動の諸側面でも「もちろん《オフ・コース》」などと既成の解答を受け入れてしまわないで、正確な観察と事実を直視する態度を身につける必要があると力説されている。

さらに興味のある点は、科学的方法には健全な懐疑主義や客観性以上のものがあり、本当の科学者は証拠が発見された場合には、それに基づいた行動がとれるような即応態勢をとっていることであるという。「驚異的な技術開発の現代では、近代的なリーダーは変化に適応していかなければならない。戦争手段は変化し、軍事問題も変化する。リーダーが係わりをもついかなる集団においても、社会的雰囲気、士気の状態、心理的構造等は、毎日、毎週あるいは戦争ごとに変化するものである。リーダーが全体的な変化にたいして、型にはまった態度や解答、固定化した思考や行動の習慣で対処しようとするならば、成功の頂点を極める可能性はまずないだろう（四三頁）」。

軍事組織の特性は、高度に成層化された社会システムであり、階級によるヒエラルキーと正確かつ明確な指揮・命令系統がある典型的な官僚制組織である（第一三章参照）。また軍事組織は、一般的に一般社会から隔離され、独自の行動様式や伝統が尊重され、創造性が抑圧される傾向を有するといわれる。しかしながら、このような高度の官僚制組織の特性を具備しながら、他方において軍事組織の目的や機能は固定的なものではなく、あらゆる状況の変化に対応しなければならない。本書では、このような軍事組織の機械性と有機性のバランスをとることを、第一にリーダーの基本的な「ものの見方」に求めていると思われ、官僚制組織における革新志向の態度の重要性が一貫して強調されている。

第二は、科学的合理主義のみならず、リーダーシップの精神主義や人間的情緒主義の側面が同時に強調されている点である。道義的リーダーシップ、海軍は「生き方」である、紳士としての海軍士官、有効なリーダーシップの人格的特性、勝つ意志などの諸章ないし項目では、海軍士官としての個人の精神面が強調され、人については「もっとも、武器をとることを専門とする職業には、他のいかなる要素にもまして重要なものが一つある。それは人間という要素である。将来の兵器がどのようなものであれ、また、その兵器が戦争や国際外交においてどのように適用されようとも、海軍の作戦行動においてもっとも重要なのは、人間であることに変わりがない」と冒頭で主張されている。人間関係（第一〇章）、カウンセリングと面接（第一一章）、規律と士気（第一二章）の諸章では、人間関係のあり方が生き生きとした事例を通じて語られている。不確実性のきわめて高い環境に適応する組織には、合理主義と精神主義、合理主義と情緒主義、あるいは機械的システムと有機的システムの同時共存性あるいは同時極大化が必要であることは、組織論でもすでに指摘されていることである。

第三に、本書ではリーダーシップの具体的な型が一貫して紹介されていることである。おそらくこの点が、本書のもっとも大きな特色といえるかもしれない。本書のリーダーシップの定義も明確で、たえず具体の現実行動に対応した説明がなされている。わが国の旧軍では、軍隊状況におけるリーダーシップは統率といわれたが、「統率とは曰く言い難し」という抽象的かあいまいな側面を有し、精神教育の一環として行なわれる傾向があったといわれる。これに対して本書では、リーダーシップとは、「一人の人間がほかの人間の心からの服従、信頼、尊敬、忠実な協力を得るようなやり方で、人間の思考、計画、行為を指揮できかつそのような特権をもてるようになる技術、科学、ないし天分（三頁）」と定義されようと明確に定義され、あたりまえのことであるが社会科学と共有された概念や方法論をもっていることが随所にうかがえる。

　さらに、本書のリーダーシップ行動のあり方は、きわめて具体的かつ実践的である。訳者の一人、武田が早くから本書の価値を見いだしていたのは、この点であった。部下の扱い方、命令の出し方・受け方、処罰の仕方、スピーチの仕方、士気づくり、カウンセリングと面接の一般原則から節制の項では、酒の飲み方やスタートを急がぬことなどリーダー行動のあり方、しつけから処世訓まである。上司の扱い方の項では、「初級士官が駆逐艦の給食主計官として勤務し、艦長が豆が大嫌いなことに気づいているときに、あまりにも頻繁にそれを出すのは、ただただ機転がきかないというほかはあるまい（一七二頁）」などのユーモアあふれる指摘には思わずほほえんでしまう。おそらく以上のよう特色は、悪くいえば、リーダーシップを精神的あるいは哲学的にとらえるよりは、あまりにも技術的な型や技術《アート》が強調されすぎると批判できるかもしれない。しかしながら、考えてみると、いわゆる精神とは「型」から入ることもできるのではないかとも思う。武道、華道、茶道など道をきわめる分野においても、最初は型をまねることから始め、それらの反覆のなかから精神的要素が加味され、真の道にまで昇華されていくのではないだろうか。士官候補生のリーダーシップ教育には、このようなアプローチも一方法なのであろう。

　わが国の海軍兵学校は、単なる戦争技術家ではなく、人間をつくることに力を入れたといわれるが、生徒の自省自戒のために有名な「五省」というのがある。

一、至誠に悖《もと》るなかりしか

一、言行に恥ずるなかりしか
一、気力に欠くなかりしか
一、努力に憾《うら》みなかりしか
一、不精《ぶしょう》に亘るなかりしか
の五項目である。

これに対してアメリカの現在の三軍士官学校の学生綱領は、

「われわれは偽らず、盗まず、欺かず、われらのなかでこれらの行為を行なう者を許さず」(We will not lie, or chea nor, tolerate among us anyone who does)

という具象的なものである。これは、極限状況に対処する組織を最後まで組織たらしめるメンバー間の信頼《トラスト》を確立するためのエッセンスが具体的に凝縮されたものであろう。これらの言葉の比較からも、なにかアメリカ人の思考を反映する本書の特色の一端が示唆されているといえよう。

最近、日本的経営の評価が高くなり、たとえばパスカル&エイソスの『ジャパニーズ・マネジメント』(講談社、一九八一年)では、日本的経営のすぐれた特性の一つに意思決定プロセスにおけるあいまい性許容度の高さをあげている。しかしながら、高度の不確実性で迅速なる意思決定や行動が要請される軍事組織におけるリーダーには、あいまい性を許容しつつよりよい情報を追加的に補足し、結果的に最適意思決定に到達する時間的余裕はないのが通例である。したがって、抽象はその意味が具体的事実と対応するまでにつめられていなければならない。このような点からも、本書では明瞭かつ直截的なスタイルが重視されているのかもしれない。

最後に、軍事組織におけるリーダーシップのアメリカ的特性についてである。第一四章のリーダーシップとアメリカ合衆国戦闘員綱領では、一九五五年に制定された戦闘員の行動綱領が紹介されているが、そこではリーダーシップと捕虜の問題が論じられている。われわれには一見奇異に感じられるが、このような状況におけるリーダーシップにまで言及している点は、ある意味ではアメリカの執ような底力を感じさせるものである。

最近、アメリカ三軍の士官学校を視察してきた土田國保防衛大学校長の訪問記によれば（『小原台』防衛大学校校友会、一九八一年三月）、現在の海軍兵学校ローレンス学校長は、ベトナム戦で六年間の捕虜生活、同校のリーダーシップの主席教官マクグラス中佐も六年間の捕虜生活を経験している。また空軍士官学校におけるアイドルは一九六五年卒業の故サイジアン大尉という人で、新学生舎はサイジアン・ホールと名づけられている。彼は六回にわたりベトナム軍の捕虜となり、そのつど脱出に成功、最後に捕われて拷問にかけられ死亡した勇士であった。海軍兵学校では、三学年よりこの戦闘員綱領が教えられているといわれる。

本書は、最近の風潮のなかでいわゆる軍事関係ものというだけで興味本位で読まれるべきものではないと思われる。アメリカ海軍兵学校士官候補生を主たる対象としたリーダーシップ教科書であるが、軍事組織の範囲を越えて、リーダーシップ一般に共通の視点を科学的背景の下に展開している。しかしながら同時に、軍事組織という場における実践的・具体的レベルの記述を通して、アメリカ海軍における理想的なリーダー像のイメージが彷彿としてくる。このようなイメージを通して、軍事組織と企業におけるリーダーシップ特性の差異、さらには日米間のリーダーシップの同質性あるいは異質性に関して、さまざまな示唆をもたらしてくれるといえよう。

昭和五六年一〇月六日

訳　者

海軍リーダーシップ（第2版）翻訳内容

（注）とくに指定した以外の諸章は本書で全訳したものである。

あとがき

武田の日記をひもとくと、本書翻訳の契機は昭和四四年八月二七日、日本原子力船開発事業団北川次郎氏（元東京商船大学教授）に東芝で「帆船日本丸の船長として体験された若年層の実践指導について」の講演の後で原書を紹介されたことに始まる。また、武田が企業の管理監督者のリーダーシップに適切な参考図書を調査検討していた折で、武田の実弟（海兵七〇期生、比島《フィリピン》レイテ沖で戦死）が海軍に所属していた関係で武田自身が海軍に深い愛着をもっていたことも、その一因であったろう。原書購入後、すぐに社内外の有志により研究会がもたれ、この研究プロセスのなかから本翻訳の第一稿が誕生した。

ほぼ一二年後の昭和五六年四月、本書の翻訳出版の話が具体化したときに、日本生産性本部を介して野中がこのプロジェクトに参加し、訳書の構成を検討したうえで第一稿を見直し、最終稿を完成させた。

本翻訳が刊行の運びにいたるまでには多くの人々の御協力があり、訳者はとくに次の人々に深く感謝する。

原書を紹介された北川次郎氏、研究会の推進役を務められた総務部能力開発担当課長依田久男氏（現　東芝電算機事業部カストマー・リレーションズ部長代理）。最終稿の完成に協力してくれた防衛大学校二三期管理学専攻吉田健二君ならびに二四期管理学専攻小暮雅彦君。多くの議論を通じて種々貴重なコメントをいただいた防衛大学校社会科学教室鎌田伸一助教授、同海上防衛学教室菅谷雅隆助教授。翻訳の最初から最後まで、一貫して本書完成に支援された日本生産性本部出版部清澤達夫氏。

本書の翻訳が、組織において日々リーダーシップを実践されている方々ならびに日米リーダーシップの比較研究者にいささかのお役に立てば、訳者の望外の喜びである。

昭和五六年一〇月六日

訳　者

日本語版第二版へのあとがき

本書は、日本語版初版第一刷が一九八一年に発行されて以来、二〇〇九年までに三五刷を重ねてきた。この間には、一九八九年のベルリンの壁の崩壊やソビエト連邦の崩壊に象徴される東西冷戦構造の終結、アメリカの超大国化にともなう中東各国への政治・軍事介入、そしてテロとの戦いへの流れのなかで世界の政治・軍事環境は大きく変化している。とくに、湾岸戦争以降の戦いにおいてアメリカ軍は新兵器を次々と投入し、かつ、メディアに現場映像がリアルタイムで流されるようになり、軍事的にはＲＭＡ（軍事における革命：Revolution in Military Affairs）を基調とした組織的な戦略の遂行が最重要課題となったが、アメリカ主導の民主化への抵抗が後を絶たない。また、経済面では、アメリカ発のグローバル・スタンダードが世界を席巻してきたが、二〇〇八年には行き過ぎた金融資本主義により百年に一度といわれる未曾有の世界的な金融危機に陥っている。その結果、世界的に自由資本主義と民主主義のバランスが問われているのである。

こうした状況下、本書が説く個人のリーダーシップの育成はますます意義をもつであろうし、もつべきだと考える。本書には、軍事組織に従事する関係者だけではなく、また、営利・非営利を問わず、一般的に組織を運営するすべての人々に役立つ、旧き良きアメリカの実践的な知恵が詰っている。ここに説かれたリーダーシップ論が普遍的なものであるからこそ、その旧きにもかかわらず、現在の世界的経済危機においてはいっそうの意味をもつであろう。本書が混迷の時代を切り開く一助になることを切に願いたい。

第二版の作成にあたっては、次にあげる人々に深く感謝する。

軍事に関する知識と情報調査の経験を生かして校正作業を手伝ってくれたアックインテリジェンス代表小針憲一氏、そして一橋大学大学院国際企業戦略科博士課程の廣瀬文乃。さらに、改版の提案と校正素案の作成をしてくれたうえに、作業の進行を辛抱強く見守ってくれた日本生産性本部の沼田一博氏。

本書の第二版が、現在の世界的な難局を乗り切るリーダーシップの実践と育成に微少なりとも役に立つことを願って止まない。

二〇〇九年四月二日

訳　者

<翻訳者紹介>
武田　文男（たけだ　ふみお）
大正６年　広島県生まれ
昭和21年　中央大学法学部卒業
東京芝浦電気（株）入社
事業場の総務、勤労、人事、教育訓練の部課長
昭和46年　本社人材開発部次長
昭和51年　東芝ケミカル（株）転出、常務取締役、監査役を経て退任
総合人材開発研究所・所長
主要著書　『育て育てられの記』『人事管理ハンドブック』（日本生産性本部）、『総務部員の実務』（ダイヤモンド社）、『人事、労務の知識と実務』（日本実業出版社）他

野中　郁次郎（のなか　いくじろう）
昭和10年　東京都生まれ
昭和33年　早稲田大学政治経済学部卒業　富士電機製造（株）入社
昭和43年　カリフォルニア大学バークレイ校経営大学院　MBA 取得
昭和47年　カリフォルニア大学バークレイ校経営大学院　Ph.D.取得
以　　後　南山大学経営学部教授、防衛大学校社会科学教室教授、一橋大学商学部産業経営研究所教授・所長、北陸先端科学技術大学院大学知識科学研究科長、一橋大学大学院教授を経て
現　　在　一橋大学名誉教授、日本学士院会員、早稲田大学特命教授を併任
主要著書　『組織と市場』（千倉書房）、『日米企業の経営比較』共著（日本経済新聞社）、『失敗の本質』共著、（ダイヤモンド社）、『知識創造企業』共著、（東洋経済新報社）、『戦略の本質』共著（日本経済新聞社）、『流れを経営する』共著、（東洋経済新報社）、『史上最大の決断』共著、（ダイヤモンド社）、「全員経営」共著、（日本経済新聞出版社）他

リーダーシップ

1981年10月24日　第１刷発行Ⓒ
2004年６月14日　第35刷
2009年４月20日　新装版発行
2018年４月27日　新装版第12刷

アメリカ海軍協会
共　訳　武　田　文　男
野　中　郁次郎
発行者　髙　松　克　弘
発行所　生　産　性　出　版
〒102－8643　東京都千代田区平河町2-13-12
公益財団法人 日本生産性本部
電話　03（3511）4034

印刷・第一資料印刷

ISBN978-4-8201-1916-6 C2034
Printed in Japan